山东省地热清洁能源综合评价

Assessment of Geothermal Resources in Shandong Province

康凤新　主编

U0194110

科学出版社

北京

审图号：鲁 SG（2018）098 号

图书在版编目（CIP）数据

山东省地热清洁能源综合评价 / 康凤新主编 .— 北京：科学出版社，2018.12
ISBN　978-7-03-059364-1

Ⅰ . ①山 …　　Ⅱ . ①康 …　　Ⅲ . ①地热能 - 无污染能源 - 综合评价 - 山东　　Ⅳ . ① TK521

中国版本图书馆 CIP 数据核字（2018）第 251657 号

责任编辑：王　运 / 责任校对：张小霞
责任印制：肖　兴 / 封面设计：耕者设计工作室

科学出版社 出版
北京东黄城根北街 16 号
邮政编码：100717
http://www.sciencep.com
中煤地西安地图制印有限公司 印刷
科学出版社发行　各地新华书店经销

*

2018 年 12 月第　一　版　开本：889×1194　1/8
2018 年 12 月第一次印刷　印张：13
字数：300 000
定价：468.00 元
（如有印刷质量问题，我社负责调换）

《山东省地热清洁能源综合评价》
编辑委员会

前　　言

2017 年初，为促进地热能产业持续健康发展，推动建设清洁、低碳、安全、高效的现代能源体系，国家发展和改革委员会、国家能源局及国土资源部联合发布《地热能开发利用"十三五"规划》，这是国家首个地热产业规划，是地热产业发展的里程碑。2017 年底，国家发展和改革委员会等十部委联合印发《北方地区冬季清洁取暖规划（2017—2021 年）》；按照规划，到 2021 年北方地区清洁取暖率达到 70%，基本实现雾霾严重城市化地区的散煤供暖清洁化；同时，对位于京津冀大气污染传输通道的"2+26"重点城市提出更加严格的标准，到 2021 年"2+26"重点城市城区全部实现清洁取暖，县城和城乡结合部清洁取暖率达到 80% 以上，农村地区清洁取暖率达到 60% 以上；推进策略把可再生能源供暖作为供暖热源的第一选择，地热供暖则作为可再生能源供暖的第一热源。这些规划的实施，必将对我国地热产业快速、健康发展起到极大的推动作用。

山东省地热资源丰富，开采条件好，其中鲁西北坳陷区、鲁西隆起区主要开采新近纪馆陶组砂岩裂隙孔隙层状热储、古近纪东营组砂岩裂隙孔隙层状热储及寒武－奥陶纪碳酸盐岩裂隙岩溶层状热储，开发利用方式以供暖为主，部分用于理疗、养殖与种植；沂沭断裂带及鲁东隆起区主要开采岩浆岩或变质岩基岩裂隙热储、寒武－奥陶纪碳酸盐岩裂隙岩溶层状热储，主要用于理疗，部分用于养殖与种植。截至 2017 年底，山东省共有地热井约 1160 眼，地热水开采量 1.33 亿 m^3/a，采用地热供暖的建筑面积达 6100 万 m^2，接待理疗 7.48 万人·次，替代燃煤 180 万 t，减排二氧化碳 429 万 t、二氧化硫 3 万 t、粉尘 1.4 万 t，节能减排效益显著，为减轻冬季雾霾做出了积极的贡献。

山东省地热勘查工作起步较早，20 世纪 50 ～ 70 年代就在胶东温泉出露区开展了系列勘查工作；20 世纪 80 ～ 90 年代开展了大量的区域性地热调查与编图工作；20 世纪末至 21 世纪初，地热勘探进入快速发展阶段，在鲁西北坳陷区及鲁西隆起区发现了馆陶组、东营组砂岩裂隙孔隙层状热储及寒武－奥陶纪碳酸盐岩裂隙岩溶层状热储，施工了大量的地热井，解决了房地产业蓬勃发展与供暖基础设施短缺之间的供需矛盾，有力地推动了全省社会经济的发展。2008 ～ 2016 年，中国矿业联合会先后授予临沂市"中国地热城"称号、济南市"中国温泉之都"称号、高青县"中国温泉之城"称号。2011 ～ 2014 年，国土资源部先后授予临沂市"中国温泉之城"称号、威海市"中国温泉之乡"称号，授予东营市、聊城市"中国温泉之城"称号。

但全省地热资源勘查程度普遍较低，仅德州市德城区、东营市城区等少数地热田在十多年前开展过地热资源普查或详查工作，其他大部分地区仅开展了一般性调查工作。地热资源"重开采轻勘查"问题较为突出。在地热资源的集中开采区内虽然地热井数量众多，但地热资源评价的关键参数缺乏，地热资源储量计算精度低，资源承载力家底不清，远不能满足现阶段可持续开发利用的需要。

为了系统查明山东省地热地质条件，评价地热资源潜力，为省委省政府在生态文明建设、新旧动能转换、节能减排和冬季清洁能源供暖等方面提供清洁能源保障与决策依据，山东省地质矿产勘查开发局立项开展了"山东省地热清洁能源综合评价"项目（任务书编号：鲁地字〔2017〕23号），由山东省地质矿产勘查开发局第二水文地质工程地质大队、八〇一水文地质工程地质大队、第三水文地质工程地质大队、第三地质大队、第一地质大队、中地宝联（北京）国土资源勘查技术有限公司、青岛地质工程勘察院、清华大学、冰岛大学等产学研单位共同承担完成。

《山东省地热清洁能源综合评价》是山东省60余年地热资源勘查、试验、监测和研究成果的集成、凝练、提升和创新，是山东省地热资源整装性研究成果。本书提出了山东省地热资源成因理论，揭示了成矿机制与成矿规律，建立了开放－对流－腔管状型、弱开放－对流传导－带状层状型、封闭－传导－层状型地热田三种成矿模式，以及不同类型地热田的找矿模型，提出了采灌均衡条件下地热资源可持续开采量的计算方法。

计算评价全省地热资源量1.21×10^{21}J，折合标准煤413.07亿t，相当于山东省煤炭资源保有经济可采储量46亿t的9倍。按照"取热不取水"的采灌均衡开采模式，全省用于供暖的地热水可采资源量为4797.68万m^3/d，可满足28.51亿m^2建筑面积供暖需求。

《山东省地热清洁能源综合评价》的出版，得到了相关部门的大力支持；曹耀峰院士、多吉院士、郝爱兵研究员、王贵玲研究员、朱立新研究员、陈宗宇研究员、庞忠和研究员、赵苏民教授级高工、李克文教授、刘桂仪研究员、韩连山研究员等地热专家学者对本成果给予了悉心指导，在此一并致以诚挚的谢忱。限于笔者的水平，书中难免存在疏漏和错误之处，恳请读者批评指正，批评和建议请发至kangfengxin@126.com。

康凤新

2018年5月1日

目　　录

山东省地热清洁能源概述

17 地市地热清洁能源分论

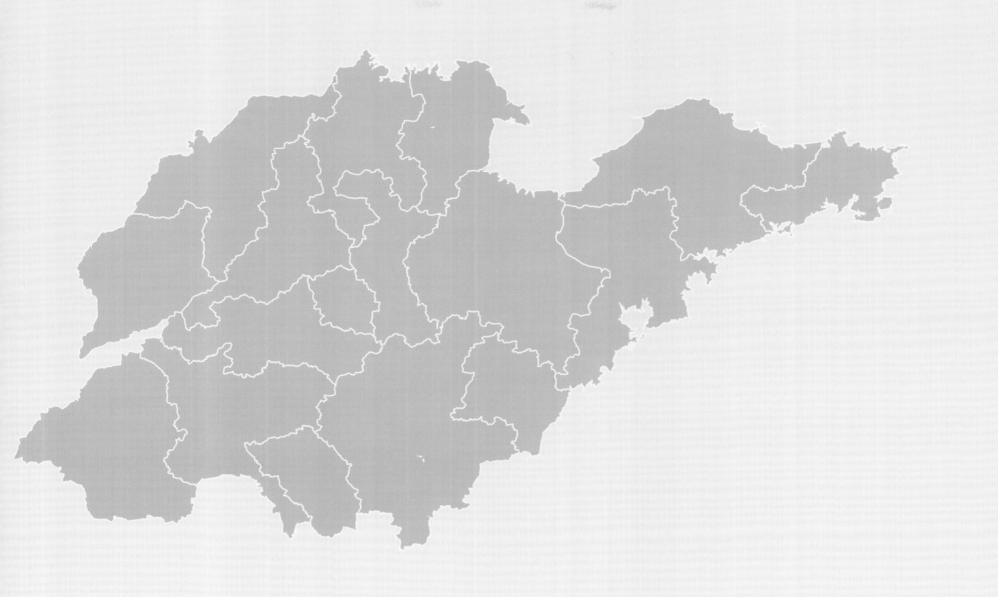

山东省地热清洁能源概述

地热资源是能够经济地被人类利用的地球内部的地热能、地热水及其有用组分。与传统化石能源相比，地热能是一种绿色低碳、可循环利用的可再生清洁能源，广泛应用于供暖、理疗、种植、养殖等领域。在部分发达国家，地热能已成为继煤炭、石油之后重要的替代型能源之一。党中央、国务院把地热清洁能源的开发利用提到重要议事日程，习近平总书记在中央财经领导小组第十四次会议上对推进北方地区冬季清洁取暖提出明确要求。深入贯彻落实中央一系列部署要求，加快地热能勘查开发利用，对于调整能源结构、推进节能减排、改善大气质量、减轻冬季雾霾、建设生态山东，具有重要的现实意义。

山东省地热地质条件及采灌均衡资源评价

　　山东省热储类型多、分布广，资源储量丰富，开采条件好，全省17地市均已成功钻探地热井，发现了96处大、中型地热田。根据空间展布形态，将山东省热储类型分为层状热储和带状热储两大类。依据所处的地质构造环境，以昌邑－大店断裂、郯郓－葛沟断裂、齐河－广饶断裂、聊城－兰考断裂为界，将山东省自东向西划分为4个地热区：鲁东隆起地热区（Ⅰ）、沂沭断裂带地热区（Ⅱ）、鲁西隆起地热区（Ⅲ）和鲁西北拗陷地热区（Ⅳ）。其中，鲁西隆起地热区以山区和平原区界线进一步划分为鲁中隆起地热亚区（$Ⅲ_1$）和鲁中隆起北缘及鲁西南潜隆地热亚区（$Ⅲ_2$）。

　　鲁东隆起地热区（Ⅰ）　　主要包括烟台市、威海市、青岛市、日照市，分布于昌邑－大店断裂以东，由三级构造单元胶北隆起、胶莱盆地和胶南－威海隆起区组成。地热资源主要储存于断裂构造带内，天然状态下多在两组或者多组断裂交汇处出露地表形成温泉，呈线（带）状沿主干断裂带展布。热储以温泉为中心向四周扩展，垂向上受北东向深部活动导热、北西向导水构造控制，空间分布由断裂倾向与走向决定，呈腔管状分布。地热田成矿模式属于开放－对流－腔管状型。

　　该区现有天然温泉15处，目前仅文登呼雷汤、文登大英汤、牟平于家汤、乳山兴村汤、蓬莱温石汤、旧店地热田仍可自流，其余地热田由于在温泉出露处施工了多眼地热井，随着地热资源的开发利用均不再自流。该区现有地热井95眼，地热水开采量1.56万 m^3/d，理疗人次（本书中理疗人次均为每日可接待理疗人次，按人均需水量$0.4m^3$/次计算）3.90万人·次；自然条件下可采资源量为3.47万 m^3/d，折合标准煤14.12万 t/a，理疗人次8.67万人·次。地热水潜力资源量为1.91万 m^3/d，折合标准煤7.47万 t/a，潜力接待理疗人次4.77万人·次。

　　沂沭断裂带地热区（Ⅱ）　　主要包括潍坊市、临沂市、日照市部分地区。沂沭断裂带是一条活动时间长、断裂深度大、切割上地幔、影响范围广的活动断裂带，成为沟通上地幔热源的通道。主干断裂有4条，自西向东依次为郯郓－葛沟断裂、沂水－汤头断裂、安丘－莒县断裂、昌邑－大店断裂，在主要断裂间发育中新生代潜凸起和凹陷：北段由潍北潜凹陷、寒亭凸起和潍坊断陷组成，南段为郯城凹陷；中段复杂，呈明显两凹一凸构造格局，自西向东依次为大盛－马站凹陷、汞丹山潜凸起、莒县凹陷，凹陷由白垩系组成，潜凸起主要由泰山群、震旦系和古生界组成。主要热储为受断裂构造控制的基岩裂隙热储。地热田成矿模式属于开放－对流－腔管状型和弱开放－对流传导－带状层状型。

该区现有地热井 26 眼，开采量 0.28 万 m^3/a，仅安丘地热田、马站地热田、汤头地热田和管帅地热田部分地热井进行理疗开发，其余地热井尚未开发利用，接待理疗人次 0.70 万人·次。自然条件下可采资源量为 8.85 万 m^3/d，折合标准煤 24.53 万 t/a，可接待理疗人次 22.13 万人·次。地热水开采潜力资源量为 8.57 万 m^3/d，折合标准煤 23.87 万 t/a，潜力接待理疗人次 21.43 万人·次。

鲁西隆起地热区（Ⅲ） 由三级构造单元鲁中隆起和鲁西南潜隆起组成，西、北分别至聊城－兰考断裂和齐河－广饶断裂，东至郯邳－葛沟断裂。鲁中隆起地热亚区（Ⅲ₁）主要热储为古生代寒武－奥陶纪碳酸盐岩裂隙岩溶热储，其次为受断裂构造控制的基岩裂隙热储。鲁中隆起北缘及鲁西南潜隆起地热亚区（Ⅲ₂）主要热储为古生代寒武－奥陶纪碳酸盐岩裂隙岩溶热储，其次为新近纪馆陶组砂岩孔隙裂隙热储。地热田成矿模式包括开放－对流－腔管状型、弱开放－对流传导－带状层状型、封闭－传导－层状型三种类型。

现出露温泉 1 处（桥沟温泉，水温 38.5 ℃），地热井 238 眼，开采量 8.59 万 m^3/d，该区以寒武－奥陶纪碳酸盐岩裂隙岩溶层状热储为主，多用于供暖、理疗，为低温地热资源，供暖面积 420.09 万 m^2，潜力接待理疗人次 2.87 万人·次。

供暖用地热水，自然条件下供暖期可采资源量为 759.14 万 m^3/d，折合标准煤 790.29 万 t/a，可供暖面积 3.83 亿 m^2/a。按照"取热不取水"的采灌均衡开采模式，回灌条件下地热水可采资源量 1332.71 万 m^3/d，折合标准煤 1360.61 万 t/a，可供暖面积 6.59 亿 m^2/a。回灌条件下供暖期地热水开采潜力资源量为 1325.27 万 m^3/d，折合标准煤 1351.96 万 t/a，潜力供暖面积 6.55 亿 m^2/a。

理疗用地热水，自然条件下可采资源量为 9.22 万 m^3/d，折合标准煤 20.60 万 t/a，可接待理疗人次 23.06 万人·次。地热水开采潜力资源量 8.07 万 m^3/d，折合标准煤 17.32 万 t/a，潜力接待理疗人次 20.19 万人·次。

鲁西北坳陷地热区（Ⅳ） 主要包括东营、滨州、德州和聊城大部分地区及济南北部、菏泽西部地区，由三级构造单元济阳拗陷和临清拗陷组成，西、南分别至聊城－兰考断裂和齐河－广饶断裂，东、北、西三面至山东省界。主要热储为馆陶组、东营组砂岩孔隙裂隙热储，古潜山区发育有古生代寒武－奥陶纪碳酸盐岩裂隙岩溶热储。总体属沉积盆地型层状热储，大地传导热为主要热源。地热田成矿模式属于封闭－传导－层状型。

馆陶组热储分布受盆地的沉积特征控制明显，在沉积盆地中心区埋深大，厚度大；在沉积盆地边缘区埋深浅，厚度小。热储岩性主要为河流相、冲积扇相的细砂岩、粗砂岩、含砾砂岩及砂砾岩，在垂向上呈上细下粗的正旋回结构。顶板埋深 800 ~ 1200 m；底板埋深 1000 ~ 1700 m，最深可达 2300 m；热储厚度 145 ~ 280 m；单井涌水量 40 ~ 80 m^3/h（960 ~ 1920 m^3/d）。地热水矿化度 4 ~ 20 g/L，水化学类型以 Cl-Na 型为主，井口出水温度 45 ~ 65℃，属温热水－热水型地热资源。

东营组热储主要分布在临清拗陷与济阳拗陷的基底凹陷区内，在凹陷盆地的中心厚度最大，在盆地边缘薄，分布不稳定。热储岩性为河湖相细砂岩。顶板埋深 1000 ~ 1700 m；底板埋深 1010 ~ 1900 m；热储累计厚度 10 ~ 200 m；单井涌水量 30 ~ 60 m^3/h（720 ~ 1440 m^3/d）。地热水矿化度 7 ~ 20 g/L，水化学类型为 Cl-Na、Cl·SO_4-Na·Ca 型，井口出水温度 50 ~ 70℃，属温热水－热水型地热资源。

古生代寒武—奥陶纪碳酸盐岩裂隙岩溶热储分布在鲁西北拗陷地热区的古潜山潜凸起区，呈层状分布特征。顶板埋深一般 1200 ~ 2800 m；单井涌水量 2 ~ 141.67 m^3/h（48 ~ 3400 m^3/d），矿化度为 4.38 ~ 23.76 g/L，水化学类型为 Cl-Na 型，井口出水温度 50 ~ 98℃。

鲁西北拗陷地热区，现有地热井 801 眼，以开采古－新近纪砂岩裂隙孔隙层状热储为主，开发利用方式主要为供暖。供暖期地热水开采量 94.30 万 m^3/d，折合标准煤 116.32 万 t/a，供暖面积 5636 万 m^2/a。

该区供暖用地热水，自然条件下供暖期可采资源量为 2516.30 万 m^3/d，折合标准煤 3280.21 万 t/a，可供暖面积 15.89 亿 m^2/a。按照"取热不取水"的采灌均衡开采模式，回灌条件下供暖期地热水可采资源量为 3464.97 万 m^3/d，折合标准煤 4524.5 万 t/a，可供暖面积 21.92 亿 m^2/a。回灌条件下供暖期地热水开

采潜力资源量 3371 万 m³/d，折合标准煤 4408 万 t/a，潜力供暖面积 21.36 亿 m²/a。

综上所述：截至 2017 年底，山东省共有地热井约 1160 眼，地热水开采量 1.33 亿 m³/a，折合标准煤 135.58 万 t/a，开发利用方式以供暖为主，部分用于理疗、养殖等，地热供暖面积 6100 万 m²，接待理疗人次 7.48 万人·次，详见表 1。

表 1 山东省 2017 年地热资源开发利用一览表

井数 /眼	开采量			热能量（折合标准煤）/万 t	供暖面积 /万 m²	理疗人次 /(万人·次)
	全年平均 /（万 m³/d)	供暖期平均 /（万 m³/d)	年开采量 /亿 m³			
1160	36.44	110.84	1.33	135.58	6100	7.48

全省供暖用地热水，自然条件下供暖期可采资源量为 3275.39 万 m³/d（约 39.30 亿 m³/a），折合标准煤 4070.51 万 t/a，可供暖面积 19.72 亿 m²，位居全国 31 个省（市、区）之首（图 1）。按照"取热不取水"的采灌均衡开采模式，回灌条件下供暖期地热水可采资源量为 4797.67 万 m³/d，折合标准煤 5885.06 万 t/a，可供暖面积 28.51 亿 m²。回灌条件下供暖期地热水开采潜力资源量为 4695.94 万 m³/d，折合标准煤 5760.16 万 t/a，潜力供暖面积 27.91 亿 m²，详见表 2、图 2。

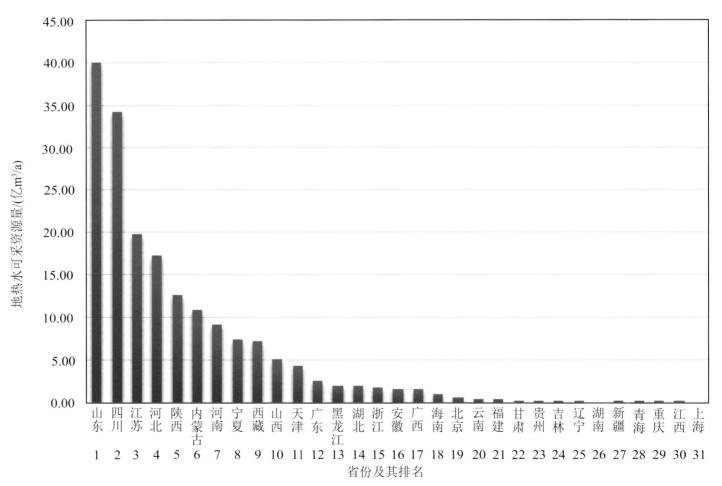

图 1 自然条件下全国 31 省（自治区、直辖市）地热水可采资源量柱状图

全省理疗用地热水，自然条件下可采资源量为 21.55 万 m³/d，折合标准煤 59.25 万 t/a，可接待理疗人次 53.87 万人·次。地热水开采潜力资源量为 18.56 万 m³/d，折合标准煤 48.67 万 t/a，潜力接待理疗人次 46.39 万人·次，详见表 3、图 3。

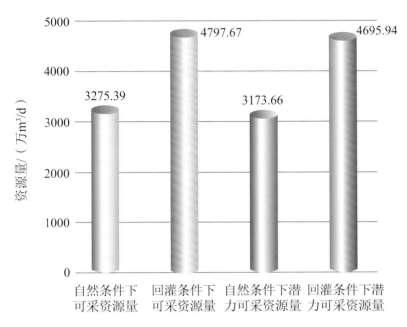

图 2 山东省供暖用地热资源量及开采潜力柱状图

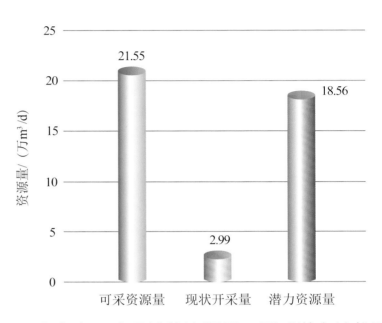

图 3 山东省理疗用地热资源量及开采潜力柱状图

表 2 山东省供暖用地热资源量及开采潜力一览表

自然条件下供暖期地热水可采资源量			回灌条件下地热水可采资源量			开采现状				回灌条件下供暖期地热水开采潜力		
地热水量	热能量	供暖面积	地热水量	热能量	供暖面积	井数	地热水量	热能量	供暖面积	地热水量	热能量	供暖面积
3275.39	4070.51	19.72	4797.67	5885.06	28.51	1008	101.73	124.95	0.61	4695.94	5760.16	27.91

注：地热水量单位为万 m³/d；热能量（折合标准煤）单位为万 t/a；供暖面积单位为亿 m²/a；年供暖利用时间 120 d，排放或回灌温度 14 ℃。

表 3 山东省理疗用地热资源量及开采潜力一览表

地热水可采资源量			开采现状				地热水开采潜力		
地热水量	热能量	理疗人次	井数	开采量	热能量	理疗人次	地热水量	热能量	理疗人次
21.55	59.25	53.87	152	2.99	10.58	7.48	18.56	48.67	46.39

注：地热水量单位为万 m³/d；热能量（折合标准煤）单位为万 t/a；理疗人次单位为万人·次。

全省四个地热区进一步细划为 96 个地热田；其中鲁东地热区 16 个地热田，沂沭断裂带地热区 9 个地热田，鲁西隆起地热区 34 个地热田，鲁西北坳陷地热区 37 个地热田，详见表 4～表 8。

山 东 省 地 热 地 质 图

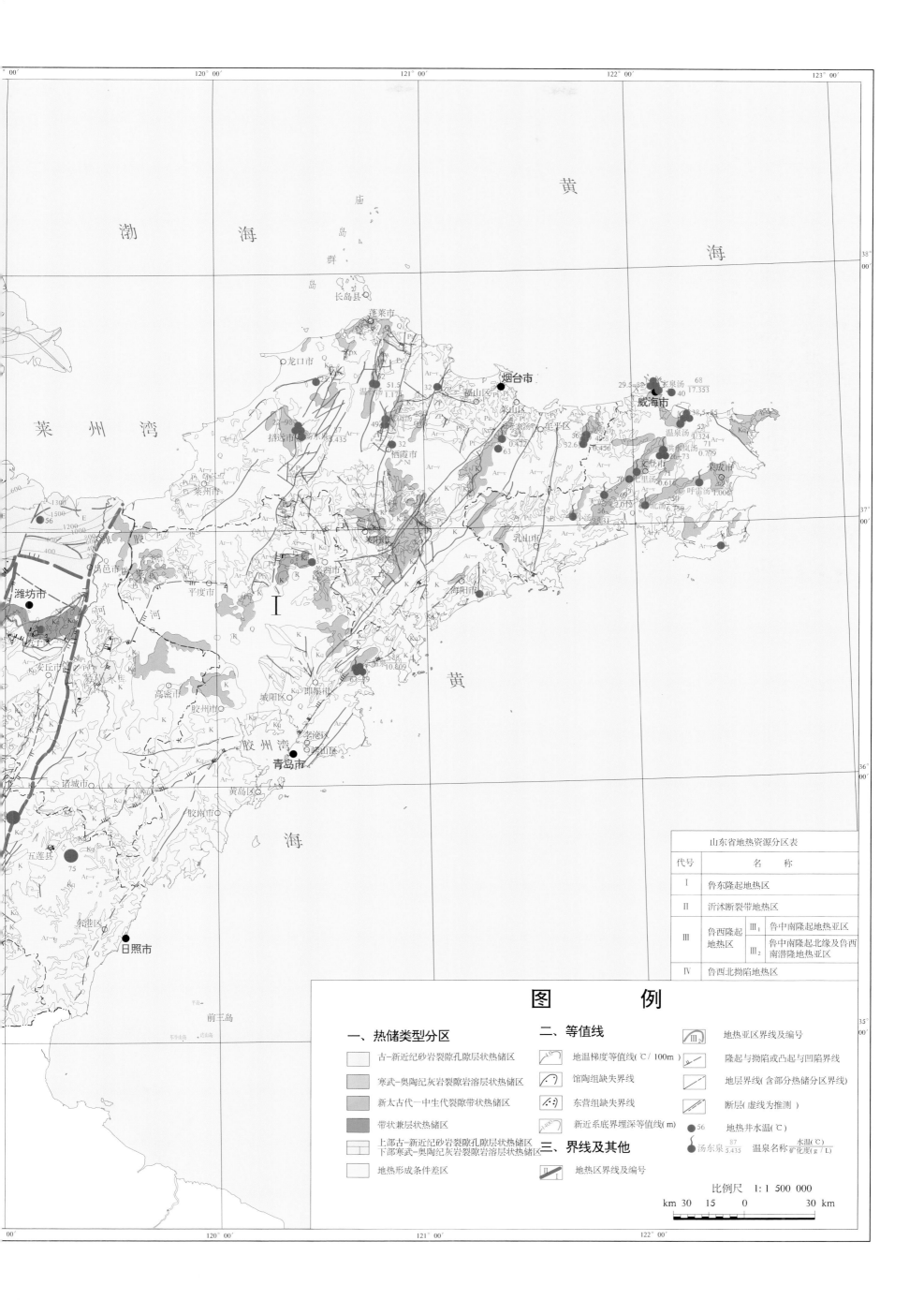

山东省地热资源分区表

代号	名 称	
I	鲁东隆起地热区	
II	沂沭断裂带地热区	
III	鲁西隆起地热区	III₁ 鲁中南隆起地热亚区
		III₂ 鲁中南隆起北缘及鲁西南潜隆地热亚区
IV	鲁西北拗陷地热区	

图　　例

一、热储类型分区

古-新近纪砂岩裂隙孔隙层状热储区

寒武-奥陶纪灰岩裂隙岩溶层状热储区

新太古代—中生代裂隙带状热储区

带状兼层状热储区

上部古-新近纪砂岩裂隙孔隙层状热储区下部寒武-奥陶纪灰岩裂隙岩溶层状热储区

地热形成条件差区

二、等值线

地温梯度等值线(℃/100m)

馆陶组缺失界线

东营组缺失界线

新近系底界埋深等值线(m)

三、界线及其他

地热区界线及编号

地热亚区界线及编号

隆起与拗陷或凸起与凹陷界线

地层界线(含部分热储分区界线)

断层(虚线为推测)

56 地热井水温(℃)

汤东泉 温泉名称 水温(℃)
5.435 矿化度(g/L)

比例尺 1:1 500 000

km 30 15 0 30 km

9

山东省地热资源潜力分布图

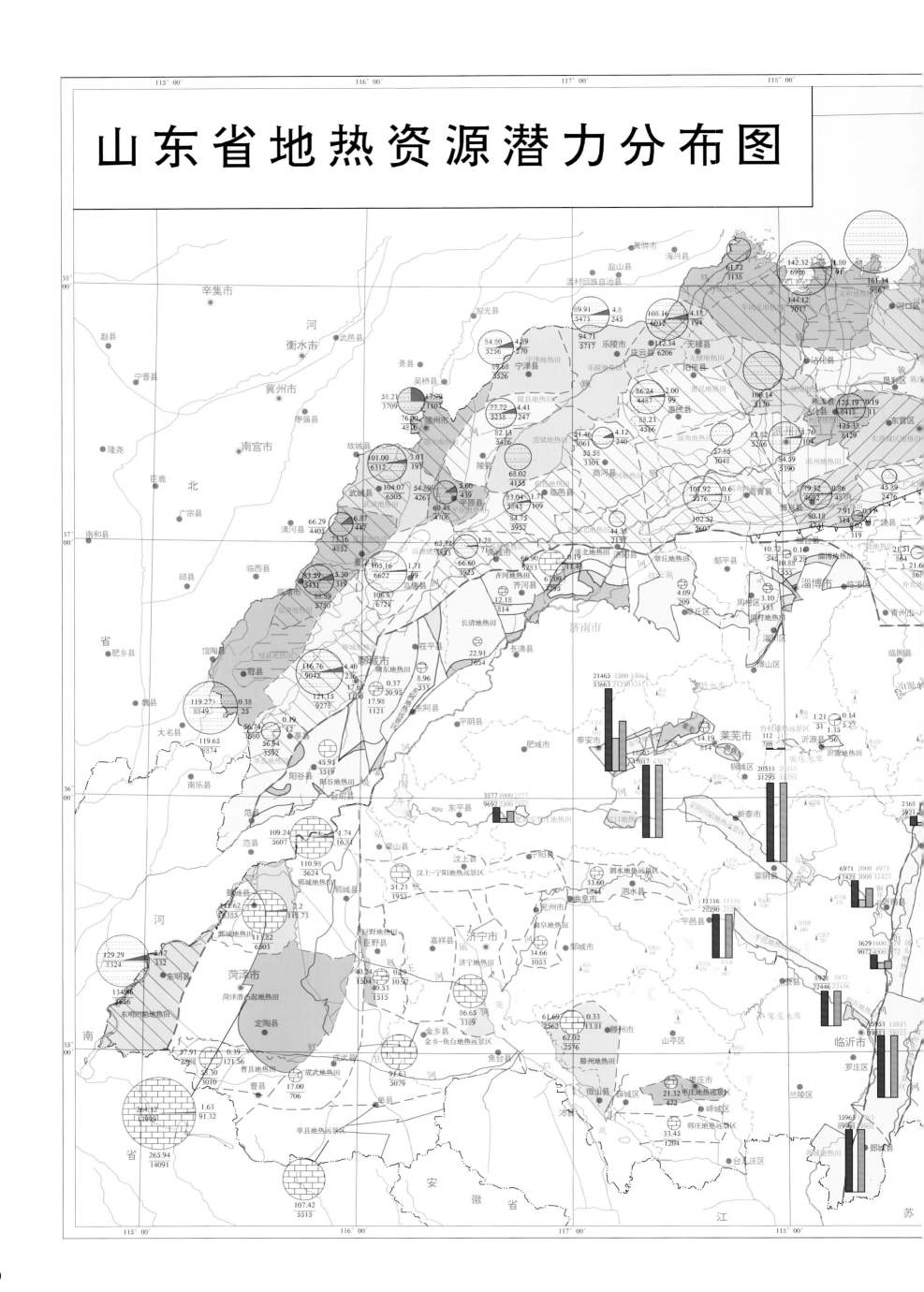

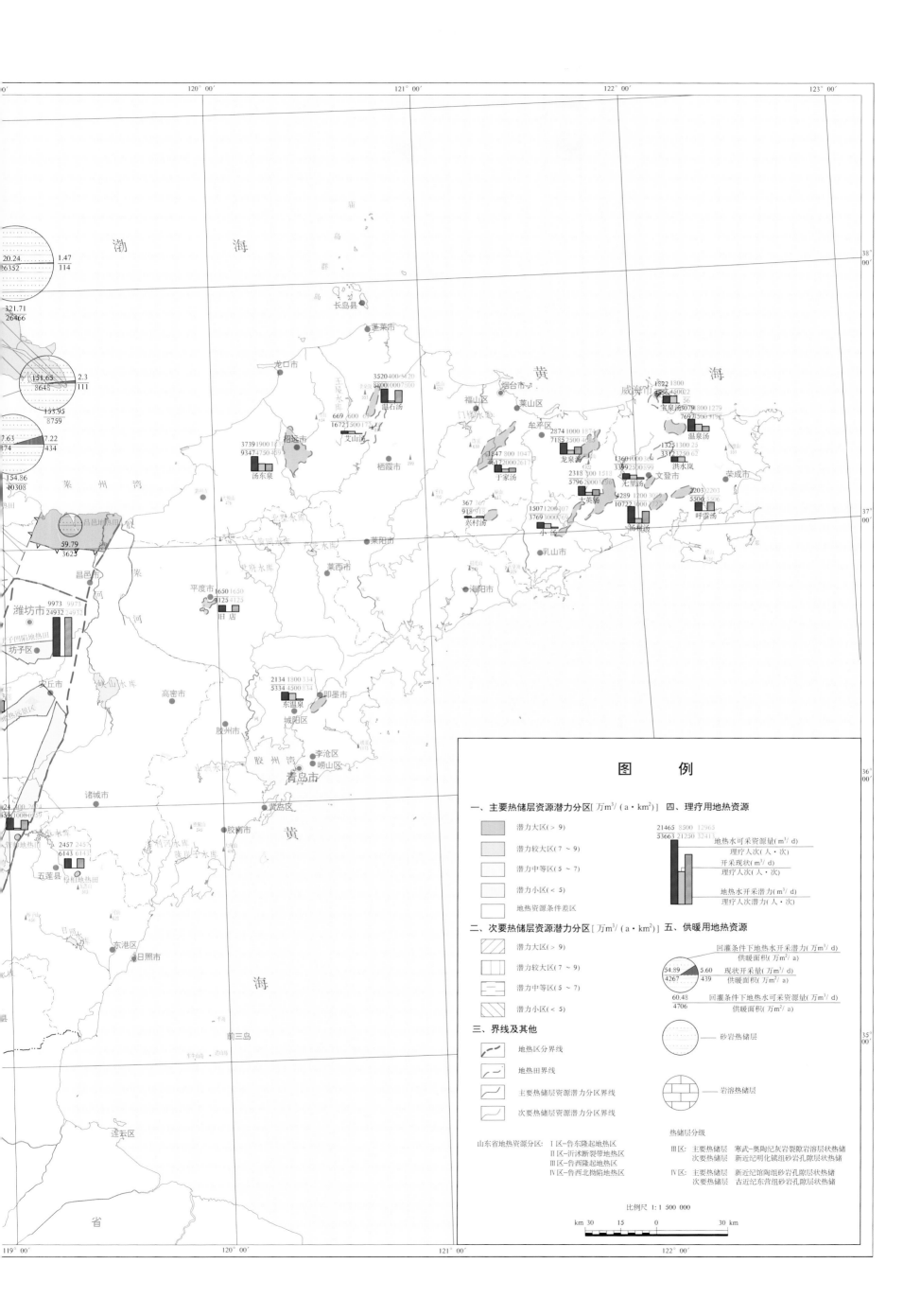

渤　海

黄　海

长岛县

蓬莱市

龙口市

王屋水库

庙岛群岛

烟台市

福山区　莱山区

门楼水库

牟平区

黄　海

威海市

荣成市

2.3
111

321.71
26466

151.65
8648

153.95
8759

7.63
874

7.22
434

154.86
0308

20.24
26352

1.47
114

招远市

3520 400-3420
8500 1000 7800

669 600 9
1672 1500 172

温石汤

艾山汤

3739 1900 9
9347 4750 469

汤东泉

莱州湾

昌邑地热田

59.79
3623

昌邑市

潍河

潍坊市

9973 9973
24932 24932

坊子区

坊子凹陷地热田

沂沐地热区

天丘市

1847 800 104
4617 2000 261

于家汤

栖霞市

367 10
918 15

武村汤

莱阳市

平度市

1650 1650
125 4125

旧店

高密市

莱西市

即墨市

2134 1800 334
5334 4500 834

东温泉

2874 1000 187
7185 2500 44

龙泉汤

2318 1000 1518
5796 2000 3597

尤里汤

1360 1000 34
3392 3250 62

文登市

洪水岚

1325 1300 25
3312 3250 62

1822 1300
956 450002
36

宝泉汤 3079 800 1279
7697 2500 193

温泉汤

呼雷汤

2203 2203
5506 5506

4289 1200 90
10722 3000 2072

汤泊汤

1507 1200 307
3769 3000 569

英汤

胶州市

城阳区

李沧区

崂山区

青岛市

黄岛区

胶州湾

乳山市

海阳市

诸城市

胶南市

日照地热区

2457 245
6143 6143

五莲县

五莲地热田

日照市

东港区

黄　海

前三岛

省

图　例

一、主要热储层资源潜力分区 [万m³/ (a·km²)]

- 潜力大区 (> 9)
- 潜力较大区 (7～9)
- 潜力中等区 (5～7)
- 潜力小区 (< 5)
- 地热资源条件差区

二、次要热储层资源潜力分区 [万m³/ (a·km²)]

- 潜力大区 (> 9)
- 潜力较大区 (7～9)
- 潜力中等区 (5～7)
- 潜力小区 (< 5)

三、界线及其他

- 地热区分界线
- 地热田界线
- 主要热储层资源潜力分区界线
- 次要热储层资源潜力分区界线

山东省地热资源分区：　Ⅰ区-鲁东隆起地热区
　　　　　　　　　　　Ⅱ区-沂沭断裂带地热区
　　　　　　　　　　　Ⅲ区-鲁西隆起地热区
　　　　　　　　　　　Ⅳ区-鲁西北拗陷地热区

四、理疗用地热资源

21465 8500 12963
53663 21250 32413

地热水可采资源量(m³/ d)
理疗人次 (人·次)
开采现状 (m³/ d)
理疗人次 (人·次)
地热水开采潜力 (万m³/ d)
理疗人次潜力 (人·次)

五、供暖用地热资源

回灌条件下地热水开采潜力 (万m³/ d)
供暖面积 (万m²/ a)
54.89 5.60
4267 439
现状开采量 (万m³/ d)
供暖面积 (万m²/ a)
60.48
4706
回灌条件下地热水可采资源量 (万m³/ d)
供暖面积 (万m²/ a)

砂岩热储层

岩溶热储层

热储层分级

Ⅲ区: 主要热储层　寒武-奥陶纪灰岩裂隙岩溶层状热储
　　　次要热储层　新近纪明化镇组砂岩孔隙层状热储

Ⅳ区: 主要热储层　新近纪馆陶组砂岩孔隙层状热储
　　　次要热储层　古近纪东营组砂岩孔隙层状热储

比例尺 1: 1 500 000

km 30 15 0 30 km

11

山东省控热活动断裂分布图

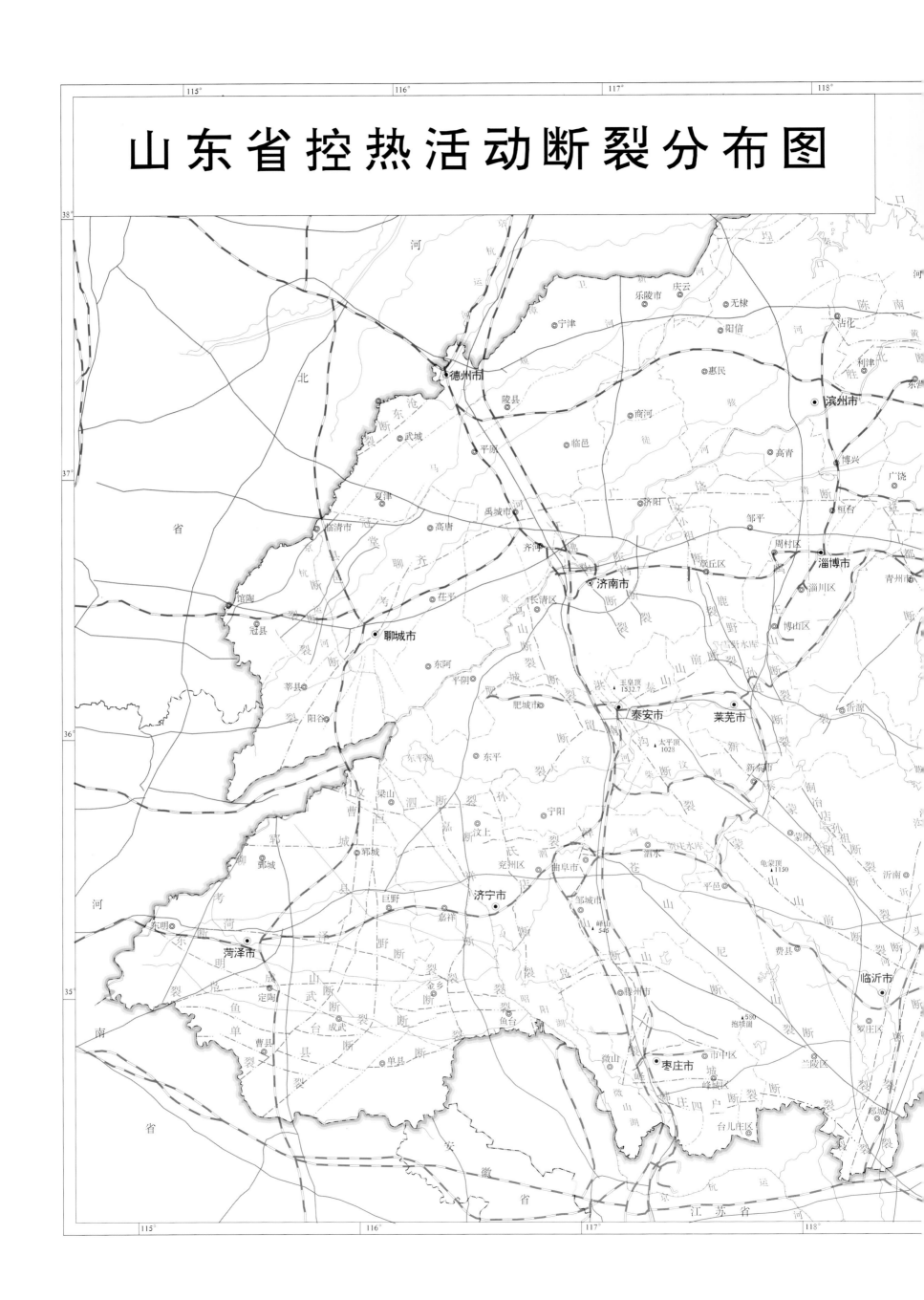

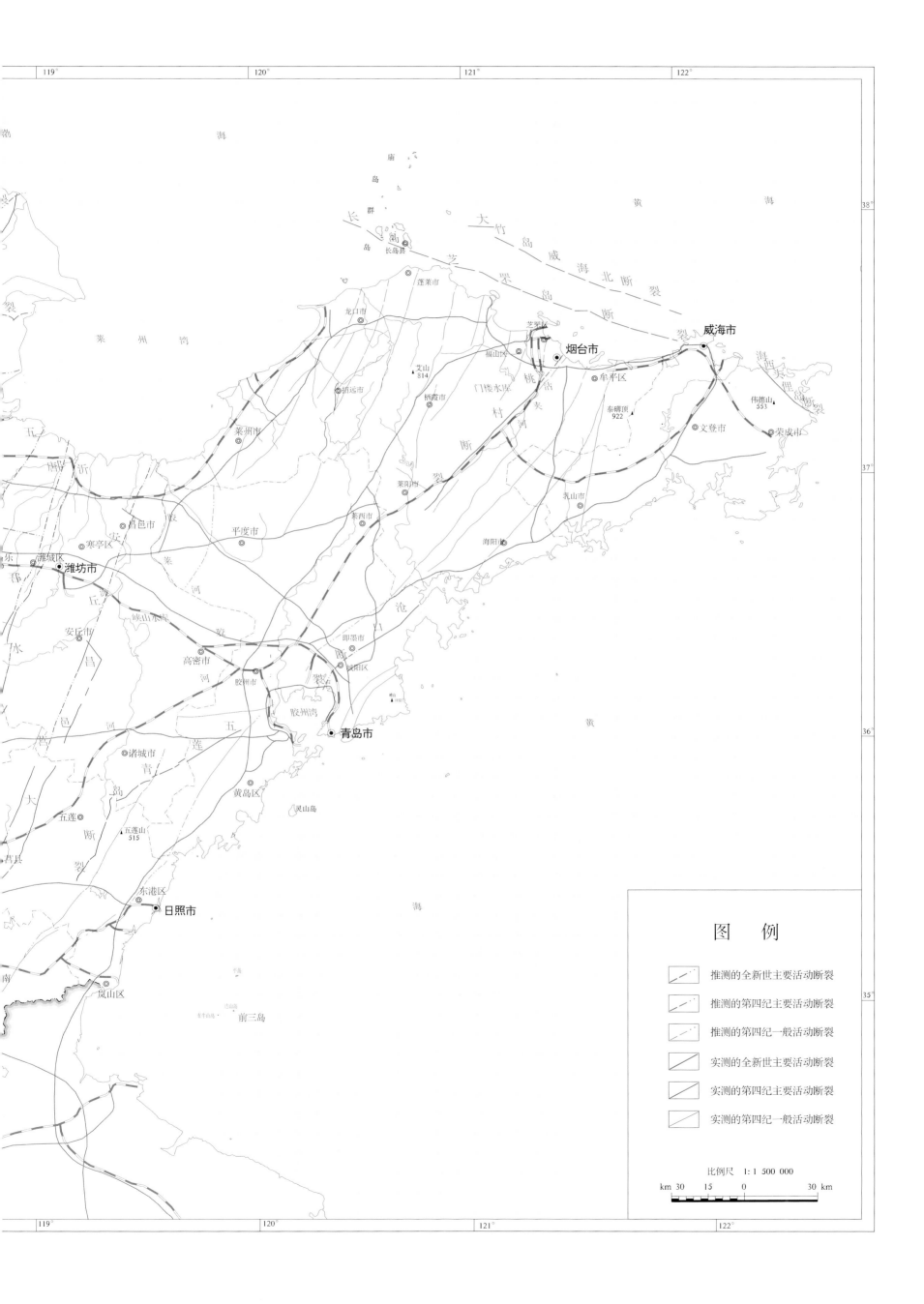

图 例

推测的全新世主要活动断裂

推测的第四纪主要活动断裂

推测的第四纪一般活动断裂

实测的全新世主要活动断裂

实测的第四纪主要活动断裂

实测的第四纪一般活动断裂

比例尺 1:1 500 000

km 30   15   0   30 km

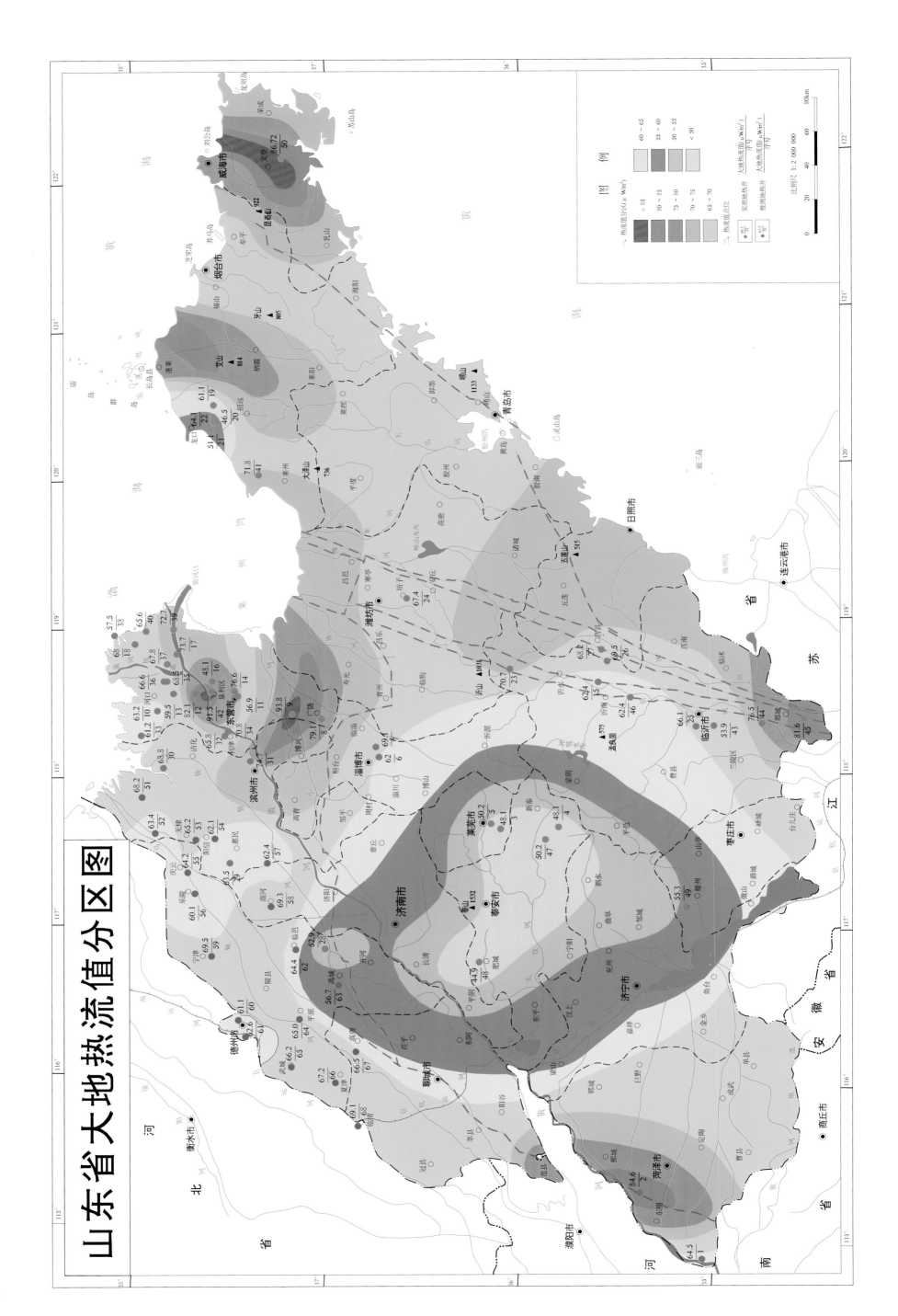

山东省大地热流值分区图

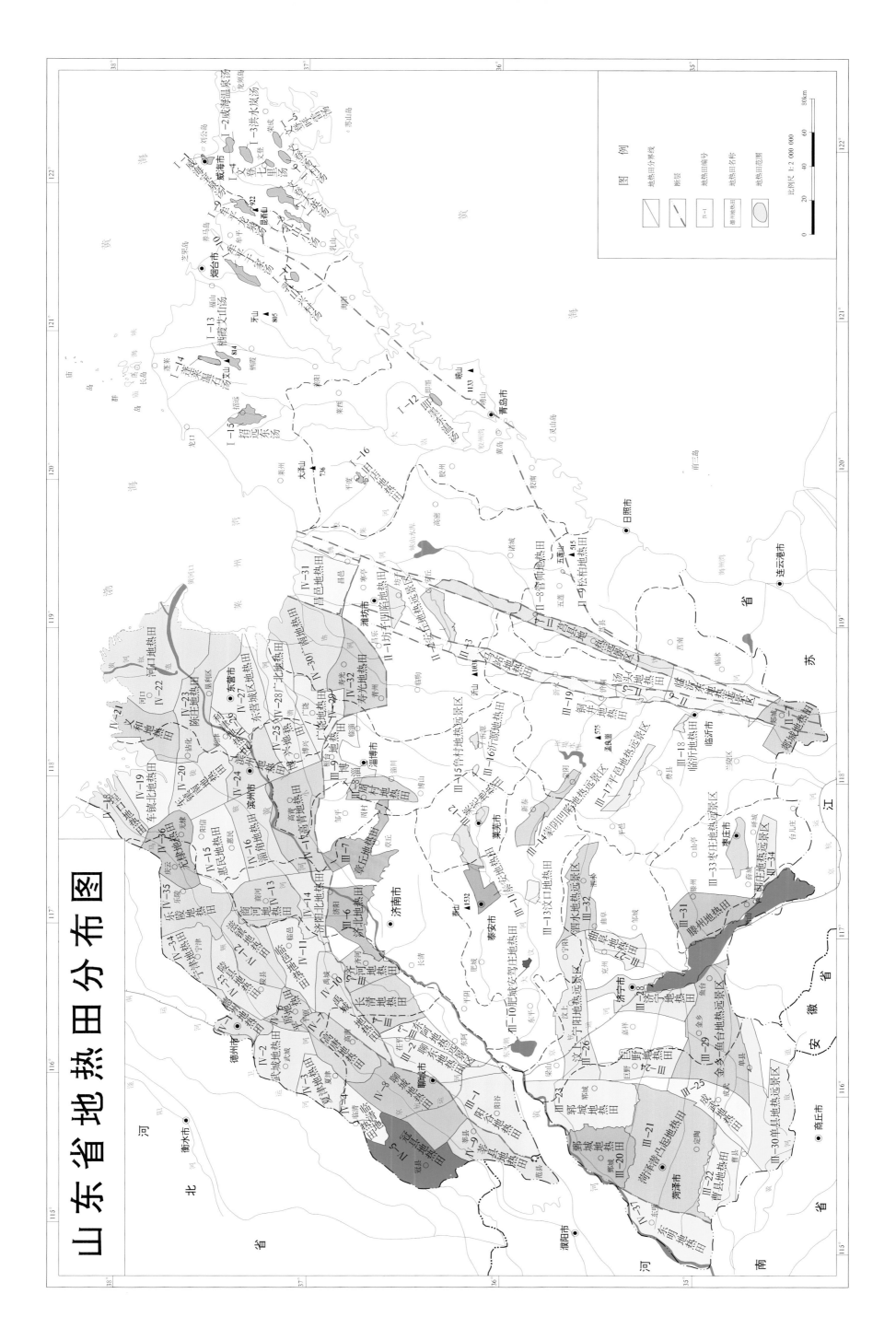

山东省地热田分布图

15

表4 鲁东隆起地热区（I）理疗用地热资源量及开采潜力

序号	地热田编号及名称	地热水可采资源量			开采现状			地热水开采潜力		
		地热水量	热能量	理疗人次	地热水量	热能量	理疗人次	地热水量	热能量	理疗人次
1	I-1 威海宝泉汤	1822	8290	4556	1800	8188	4500	22	102	56
2	I-2 威海温泉汤	3079	12123	7697	1800	7088	4500	1279	5035	3197
3	I-3 洪水岚汤	1325	6439	3312	1300	6318	3250	25	121	62
4	I-4 文登七里汤	1360	6327	3399	1000	4653	2500	360	1674	899
5	I-5 文登呼雷汤	2203	8795	5506	0	0	0	2203	8795	5506
6	I-6 文登汤村汤	4289	13827	10722	1200	3869	3000	3089	9958	7722
7	I-7 文登大英汤	2318	9594	5796	800	3311	2000	1518	6283	3796
8	I-8 乳山小汤	1507	5475	3769	1200	4358	3000	307	1117	769
9	I-9 牟平龙泉汤	2874	11341	7185	1000	3946	2500	1874	7395	4685
10	I-10 牟平于家汤	1847	6726	4617	800	2914	2000	1047	3812	2617
11	I-11 乳山兴村汤	367	487	918	0	0	0	367	487	918
12	I-12 即墨东温汤	2134	8760	5334	1800	7390	4500	334	1370	834
13	I-13 栖霞艾山汤	669	2312	1672	600	2074	1500	69	238	172
14	I-14 蓬莱温石汤	3520	12167	8800	400	1383	1000	3120	10784	7800
15	I-15 招远东汤	3739	21544	9347	1900	10948	4750	1839	10596	4597
16	I-16 旧店地热田	1650	6944	4125	0	0	0	1650	6944	4125
	小计	34703	141151	86756	15600	66440	39000	19103	74711	47756

注：地热水量单位为 m³/d；热能量（折合标准煤）单位为 t/a；理疗人次单位为人·次。

表5 沂沭断裂带地热区（II）理疗用地热资源量及开采潜力

序号	地热田编号及名称	地热水可采资源量			开采现状			地热水开采潜力		
		地热水量	热能量	理疗人次	地热水量	热能量	理疗人次	地热水量	热能量	理疗人次
17	II-1 坊子凹陷地热田	9973	15513	24932	0	0	0	9973	15513	24932
18	II-2 安丘地热远景区	2887	8254	7218	0	0	0	2887	8254	7218
19	II-3 马站地热田	2368	3343	5921	800	1133	2000	1568	2210	3921
20	II-4 莒县地热远景区	12265	35068	30663	0	0	0	12265	35068	30663
21	II-5 汤头地热田	3628	10489	9071	1600	4033	4000	2028	6456	5071
22	II-6 临沂东地热远景区	15953	31888	39883	0	0	0	15953	31888	39883
23	II-7 郯城地热田	35963	117201	89908	0	0	0	35963	117201	89908
24	II-8 管帅地热田	3024	10773	7559	400	1425	1000	2624	9348	6559
25	II-9 松柏地热田	2457	12812	6143	0	0	0	2457	12812	6143
	小计	88518	245341	221298	2800	6591	7000	85718	238750	214298

注：地热水量单位为 m³/d；热能量（折合标准煤）单位为 t/a；理疗人次单位为人·次。

表6 鲁西隆起地热区（III）理疗用地热资源量及开采潜力

序号	地热田编号及名称	地热水可采资源量			开采现状			地热水开采潜力		
		地热水量	热能量	理疗人次	地热水量	热能量	理疗人次	地热水量	热能量	理疗人次
26	III-10 肥城安驾庄地热田	3877	9096	9692	1000	2346	2500	2877	6750	7192
27	III-11 泰安地热田	21465	40360	53663	5800	21422	21250	12965	18938	32413
28	III-13 汶口地热田	18807	45031	47017	0	0	0	18807	45031	47017
29	III-14 蒙阴凹陷地热远景区	20518	32096	51295	0	0	0	20518	32096	51295
30	III-15 鲁村地热远景区	312	759	780	0	0	0	312	759	780
31	III-17 平邑地热远景区	11316	19078	28290	0	0	0	11316	19078	28290
32	III-18 临沂地热田	8978	2808 7	22446	0	0	0	8978	28087	22446
33	III-19 铜井地热田	6971	31502	17428	2000	9038	5000	4971	22464	12428
	小计	92244	206009	230611	11500	32806	28750	80744	173203	201861
	全省理疗合计	215465	592501	538665	29900	105837	74750	185565	486664	463915

注：地热水量单位为 m³/d；热能量（折合标准煤）单位为 t/a；理疗人次单位为人·次。

表 7 鲁西隆起地热区（III）供暖期地热资源量及开采潜力

序号	地热田编号及名称	自然条件下供暖期热水可采资源量			回灌条件下供暖期热水可采资源量			开采现状			回灌条件下供暖期地热水开采潜力		
		地热水量	热能量	供暖面积	地热水量	热能量	供暖面积	地热水量	热能量	供暖面积	地热水量	热能量	供暖面积
34	III-1 阳谷地热田	34.08	53.72	2603	45.95	72.62	3519	0	0	0	45.95	72.62	3519
35	III-2 聊东地热田	13.12	16.72	810	17.98	23.13	1121	0.37	0.43	21	17.61	22.7	1100
36	III-3 东阿地热远景区	5.83	7.16	347	8.96	11	533	0	0	0	8.96	11	533
37	III-4 长清地热田	16.57	24.76	1200	22.91	34.14	1654	0	0	0	22.91	34.14	1654
38	III-5 齐河地热田	9.7	12.74	617	12.18	16.79	814	0	0	0	12.18	16.79	814
39	III-6 济北地热田	32.33	34.58	1676	67.09	67.99	3295	0.19	0.23	12	66.9	67.77	3283
40	III-7 章丘地热田	2.99	3.15	153	4.09	4.31	209	0	0	0	4.09	4.31	209
41	III-8 周村地热田	1.71	1.51	73	3.1	2.73	153	0	0	0	3.1	2.73	153
42	III-9 淄博地热田	7.92	8.01	388	10.88	11.45	554	0.16	0.19	9	10.72	11.26	545
43	III-12 莱芜地热田	8.31	9.46	458	14.19	16.79	814	0	0	0	14.19	16.79	814
44	III-16 沂源地热田	1.12	0.98	47	1.35	1.15	56	0.14	0.11	5	1.21	1.04	51
45	III-20 甄城地热田	74.79	88.55	4286	113.82	134.37	6504	2.2	2.45	119	111.62	131.92	6385
46	III-21 菏泽潜凸起地热田	132.63	142.67	6905	265.94	291.14	14090	1.63	1.88	91	264.31	289.26	13999
47	III-22 曹县地热田	44.85	48.49	2347	56.69	60.66	2936	0.39	2.51	122	56.3	58.15	2814
48	III-23 郓城地热田	57.77	60.57	2932	110.98	116.19	5624	1.74	0.35	17	109.24	115.85	5607
49	III-24 巨野地热田	25.8	19.93	965	40.53	31.3	1515	0.29	0.23	11	40.24	31.08	1504
50	III-25 成武地热田	13.25	11.37	550	17	14.59	706	0	0	0	17	14.59	706
51	III-26 汶上－宁阳地热远景区	3.77	2.97	144	51.23	40.36	1953	0	0	0	51.23	40.36	1953
52	III-27 曲阜地热田	23.59	14.82	717	32.51	20.41	988	0	0	0	32.51	20.41	988
53	III-28 济宁地热田	54.57	44.1	2134	86.65	70.03	3389	0	0	0	86.65	70.03	3389
54	III-29 金乡－鱼台地热远景区	60.34	69	3339	89.19	102.04	4939	0	0	0	89.19	102.04	4939
55	III-30 单县地热田	72.3	76.82	3718	106.52	112.88	5463	0	0	0	106.52	112.88	5463
56	III-31 滕州地热田	16.54	14.2	687	62.33	53.49	2589	0.33	0.29	14	61.99	53.2	2575
57	III-32 泗水地热远景区	25.09	11.49	556	36.05	16.5	799	0	0	0	36.06	16.5	799
58	III-33 枣庄地热远景区	8.62	3.94	191	21.17	9.69	469	0	0	0	21.17	9.69	469
59	III-34 韩庄地热远景区	11.54	8.59	416	33.41	24.85	1203	0	0	0	33.41	24.85	1203
	合计	759.13	790.3	38259	1332.7	1360.6	65889	7.44	8.65	421	1325.3	1352	65468

注：地热水量单位为万 m³/d；热能量（折合标准煤）单位为万 t/a；供暖面积单位为万 m²/a。

表 8　鲁西北拗陷地热区（Ⅳ）供暖期地热资源量及开采潜力

序号	地热田编号及名称	自然条件下供暖期地热水可采资源量			回灌条件下供暖期地热水可采资源量			开采现状			回灌条件下供暖期地热水开采潜力		
		地热水量	热能量	供暖面积	地热水量	热能量	供暖面积	地热水量	热能量	供暖面积	地热水量	热能量	供暖面积
60	Ⅳ-1 德州地热田	53.51	69.98	3391	76	99.39	4816	17.79	22.85	1107	58.21	76.54	3709
61	Ⅳ-2 武城地热田	85.37	110.26	5343	104.07	134.24	6505	3.07	3.98	193	101	130.26	6312
62	Ⅳ-3 夏津地热田	61.85	84.64	4102	73.16	100.13	4852	6.87	9.22	447	66.29	90.91	4405
63	Ⅳ-4 临清地热田	79.53	105.46	5110	88.89	118.66	5750	5.3	6.58	319	83.59	112.08	5431
64	Ⅳ-5 冠县地热田	86.57	131.38	6367	119.65	183.12	8874	0.38	0.52	25	119.27	182.6	8849
65	Ⅳ-6 平原地热田	44.99	72.24	3501	60.49	97.11	4706	5.6	9.05	439	54.89	88.06	4267
66	Ⅳ-7 高唐地热田	70.79	91.81	4449	106.87	183.68	6721	1.71	2.03	99	105.16	136.65	6622
67	Ⅳ-8 聊城地热田	90.27	140.88	6827	121.16	191.45	9278	4.4	4.87	236	116.76	186.58	9042
68	Ⅳ-9 莘县地热田	45	58.58	2839	56.93	74.12	3592	0.19	0.25	12	56.74	73.87	3580
69	Ⅳ-10 禹城地热田	43.84	53.31	2583	66.6	80.98	3925	1.28	1.47	71	65.32	79.51	3853
70	Ⅳ-11 临邑地热田	62.16	90.08	4365	84.75	122.83	5952	1.71	2.25	109	83.04	120.58	5843
71	Ⅳ-12 滋镇地热田	53.14	66.98	3246	68.02	85.74	4155	0	0	0	68.02	85.74	4155
72	Ⅳ-13 商河地热田	42.52	52.11	2525	55.58	68.12	3301	4.12	4.95	240	51.46	63.17	3061
73	Ⅳ-14 济阳北地热田	29.07	29.16	1413	44.38	44.5	2157	0	0	0	44.38	44.5	2157
74	Ⅳ-15 惠民地热田	56.81	60.93	2953	88.24	94.63	4586	2	2.04	99	86.24	92.59	4487
75	Ⅳ-16 滋角地热田	43.02	46.77	2267	57.85	62.9	3048	0	0	0	57.85	62.9	3048
76	Ⅳ-17 高青地热田	67.94	76.65	3714	102.52	115.7	5607	0.6	0.64	31	101.92	115.06	5576
77	Ⅳ-18 埕口地热田	55.87	46.22	2240	61.72	64.75	3138	0	0	0	61.72	64.75	3138
78	Ⅳ-19 车镇北地热田	119.91	139.43	6757	144.12	146.05	7077	1.8	1.88	91	142.32	144.17	6986
79	Ⅳ-20 车镇南地热田	75.99	80.97	3924	100.14	106.69	5170	0	0	0	100.14	106.69	5170
80	Ⅳ-21 义和地热田	118.66	148.46	7194	161.34	203.61	9867	0	0	0	161.34	203.61	9867
81	Ⅳ-22 河口地热田	229.47	389.76	18888	321.71	546.15	26466	1.47	2.35	114	320.24	543.8	26352
82	Ⅳ-23 陈庄地热田	109.69	127.52	6179	153.95	180.74	8759	2.3	2.29	111	151.65	178.45	8648
83	Ⅳ-24 滨州地热田	70.55	92.78	4496	84.58	111.23	5390	1.76	2.14	104	82.82	109.09	5286
84	Ⅳ-25 博兴地热田	51.62	62.99	3052	80.18	97.83	4740	0.86	1	48	79.32	96.83	4692
85	Ⅳ-26 利津地热田	80.32	111.44	5400	125.38	173.95	8429	0.19	0.23	11	125.19	173.72	8418
86	Ⅳ-27 东营城区地热田	81.15	111.47	5402	154.85	212.71	10308	7.22	8.95	434	147.63	203.76	9874
87	Ⅳ-28 广北地热田	38.27	42.62	2065	45.89	51.09	2476	0	0	0	45.89	51.09	2476
88	Ⅳ-29 广饶地热田	3.95	3.24	157	8.02	6.58	318	0.11	0.09	4	7.91	6.49	314
89	Ⅳ-30 广南地热田	38.64	47.89	2321	53.19	65.91	3194	0	0	0	53.19	65.91	3194
90	Ⅳ-31 昌邑地热田	42.14	52.72	2555	59.79	74.81	3625	0	0	0	59.79	74.81	3625
91	Ⅳ-32 寿光地热田	15.78	13.08	634	21.62	17.92	868	0.11	0.09	4	21.51	17.83	864
92	Ⅳ-33 陵县地热田	68.53	93.54	4533	82.13	113.19	5485	4.41	5.1	247	77.72	108.09	5238
93	Ⅳ-34 宁津地热田	63.28	80.76	3914	89.69	114.05	5526	4.89	5.58	270	84.8	108.47	5256
94	Ⅳ-35 乐陵地热田	68.97	86.42	4188	94.71	117.99	5717	4.8	5.05	245	89.91	112.94	5473
95	Ⅳ-36 无棣地热田	76.34	86.91	4212	112.34	128.07	6206	4.18	4	194	108.16	142.07	6012
96	Ⅳ-37 东明地热田	90.75	120.77	5845	134.46	178.84	8656	5.17	6.85	332	129.29	171.99	8324
	小计	2516.26	3280.21	158951	3464.97	4524.46	219240	94.29	116.3	5636	3370.68	4408.16	213604
	全省供暖合计	3275.39	4070.51	197210	4797.67	5885.06	285129	101.73	124.95	6057	4695.94	5760.16	279072

注：地热水量单位为万 m³/d；热能量（折合标准煤）单位为万 t/a；供暖面积单位为万 m²/a。上述计算结果中理疗利用为 365 d/a，供暖利用为 120 d/a，均为加用调峰设施的计算结果，排放或回灌温度为 14 ℃。

17地市地热清洁能源分论

1997 年，山东省地矿局第二水文地质工程地质大队在德州打出了第1眼新近纪馆陶组供暖用地热井，井口水温 56 ℃，自流水头高度 8 m，降深 19 m 时涌水量 113.4 m³/h（2721.5 m³/d），满足了 5.7 万 m² 建筑面积供暖需求，截至 2018 年 3 月已持续供暖 20 年，替代燃煤 3.4 万 t、减排二氧化碳 8 万 t。2016 年在距该井 180 m 的位置施工了 1 眼大口径填砾回灌井，形成 1 采 1 灌的"对井"采灌系统，建成砂岩热储地热尾水回灌示范工程，供暖地热尾水 100% 无压回灌，实现了地热资源"取热不取水、采灌均衡"可持续开发利用。该井的钻探成功及供暖产生的生态环境效益，推动了山东省供暖用及理疗用地热资源勘探开发，全省17 个地级以上城市都实现了找热突破，相继发现了济南北岩溶热储（封面照片）、五莲管帅砂岩热储及松柏花岗岩热储、长岛石英岩热储、莱芜雪野片麻岩热储等不同岩性热储地热田 96 个，为地热供暖和理疗提供了资源保障。

济南市地热地质条件及采灌均衡资源评价

一、地热地质条件

济南是天下闻名的"泉城"，既有以趵突泉等七十二名泉为代表的"冷泉"，也有丰富的"地热温泉"。2014 年 12 月 11 日，中国矿业联合会授予济南"中国温泉之都"的称号。济南市地热资源丰富，以古－新近纪砂岩裂隙孔隙层状热储和寒武－奥陶纪碳酸盐岩裂隙岩溶层状热储为主；地热田成矿模式分别属于封闭－传导－层状型和弱开放－对流传导－带状层状型。

（一）古－新近纪砂岩裂隙孔隙层状热储

主要分布于齐河－广饶断裂以北的济阳县、商河县境内。地热水赋存于古－新近纪砂岩裂隙孔隙层状热储，以新近纪馆陶组热储和古近纪东营组热储为主。

1. **新近纪馆陶组热储**：广泛分布于齐河－广饶断裂以北地区，总面积 1752 km^2，热储岩性以粉细砂岩为主，局部为细砂岩。砂岩热储厚度 8 ～ 150 m，孔隙度 0.23 ～ 0.28，单井涌水量 12.5 ～ 125 m^3/h（300 ～ 3000 m^3/d）。井口出水温度 53 ～ 60 ℃，水化学类型为 Cl-Na 和 Cl·SO_4-Na 型，矿化度 4.88 ～ 11.88 g/L，主要用于供暖、理疗、温室种植和养殖。

2. **古近纪东营组热储**：分布于齐河－广饶断裂和陵县－老黄河口断裂之间的临邑潜凹陷范围内，总面积 1393 km^2，热储岩性以细砂岩为主，砂岩热储厚度 10 ～ 150 m，孔隙度 0.23 ～ 0.26，单井涌水量 4.17 ～ 12.5 m^3/h（100 ～ 300 m^3/d），自北部、东南部往中西部热储厚度增大，孔隙度增大，富水性变好。水温 54 ～ 58 ℃，水化学类型为 Cl-Na 型，矿化度 6.44 ～ 10.85 g/L，主要用于供暖和养殖。

（二）寒武－奥陶纪碳酸盐岩裂隙岩溶层状热储

主要分布在泰山凸起北翼至齐河－广饶断裂间的齐河潜凸起区，跨槐荫区、天桥区、历城区、章丘区及济阳县 5 个县区，地热水赋存于古生代寒武－奥陶纪碳酸盐岩裂隙岩溶层状热储中。在区域北倾单斜构造控制下，热储层顶板埋藏深度由南向北逐渐增大；东西方向上受断裂构造控制明显，盖层厚度差异较大。热储顶板埋深 210 ～ 2450 m，目前地热井揭露的岩溶热储含水层厚度 50 ～ 200 m。井口出水温度 27 ～ 70 ℃，局部达 95 ℃（济阳 DR1 地热井），水化学类型为 Cl·SO_4-Na·Ca、SO_4·Cl-Ca·Na、SO_4-Ca·Na 和 SO_4-Ca 型，矿化度 1 ～ 8 g/L。地热水富含氟、偏硅酸、偏硼酸、锶等多种对人体有益的微量元素或组分，具有较高的理疗价值。

二、开发利用现状

目前济南市共有地热井 55 眼。其中古－新近纪砂岩裂隙孔隙层状热储地热井 28 眼，主要开采馆陶组热储，分布在商河县城区、玉皇庙镇一带，地热水开采量 390 万 m³/a，主要用于供暖、温泉理疗、养殖、温室种植等。其中，用于供暖的为 341 万 m³/a，占总开采量的 87.4%；用于温泉理疗的为 27 万 m³/a，占总开采量的 6.9%；用于养殖的为 12 万 m³/a，占总开采量的 3.1%；用于温室种植的为 10 万 m³/a，占总开采量的 2.6%。

古生代寒武－奥陶纪碳酸盐岩裂隙岩溶层状热储地热井 27 眼，开发利用规模较小，利用方式以温泉理疗为主，部分地热井用于渔业养殖、矿泉水生产。

三、地热资源潜力

济南市自然条件下供暖期地热水可采资源量为 121.26 万 m³/d，折合标准煤 134.82 万 t/a，可供暖面积 6533 万 m²/a。

按照"取热不取水"的采灌均衡开采模式，回灌条件下地热水可采资源量为 191.75 万 m³/d，折合标准煤 207.66 万 t/a，可供暖面积 9515 万 m²/a。

目前供暖期地热水开采量为 4.4 万 m³/d，折合标准煤 5.25 万 t/a，供暖面积 255 万 m²/a。

回灌条件下供暖期地热水开采潜力资源量为 187.35 万 m³/d，折合标准煤 202.41 万 t/a，潜力供暖面积 9260 万 m²/a。具体见图 4、表 9。

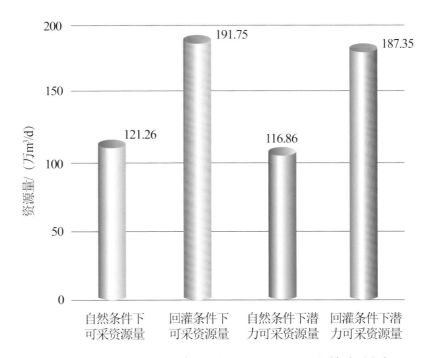

图 4 济南市供暖期地热资源量及开采潜力柱状图

表 9 济南市供暖期地热资源量－开采现状－开采潜力一览表

序号	地热田编号及名称	自然条件下供暖期地热水可采资源量			回灌条件下供暖期地热水可采资源量			开采现状			回灌条件下供暖期地热水开采潜力		
		地热水量	热能量	供暖面积	地热水量	热能量	供暖面积	地热水量	热能量	供暖面积	地热水量	热能量	供暖面积
1	III-6 济北地热田	32.33	34.58	1676	67.09	67.99	3295	0.19	0.23	11	66.90	67.76	3284
2	III-7 章丘地热田	2.61	2.75	133	3.57	3.76	182	0	0	0	3.57	3.76	182
3	IV-13 商河地热田	41.79	51.23	2484	54.63	66.98	3246	4.03	4.84	235	50.60	62.14	3011
4	IV-14 济阳北地热田	27.24	27.15	1315	41.58	41.44	1347	0	0	0	41.58	41.44	1347
5	IV-15 惠民地热田	3.88	4.11	199	6.03	6.38	423	0.15	0.15	7	5.88	6.23	415
6	IV-16 淄角地热田	8.59	9.43	457	11.55	12.68	614	0	0	0	11.55	12.68	614
7	IV-17 高青地热田	4.82	5.57	270	7.3	8.43	409	0.03	0.03	2	7.27	8.40	407
	合计	121.26	134.82	6533	191.75	207.66	9515	4.40	5.25	255	187.35	202.41	9260

注：地热水量单位为万 m³/d；热能量（折合标准煤）单位为万 t/a；供暖面积单位为万 m²/a。

济南市地热地质图

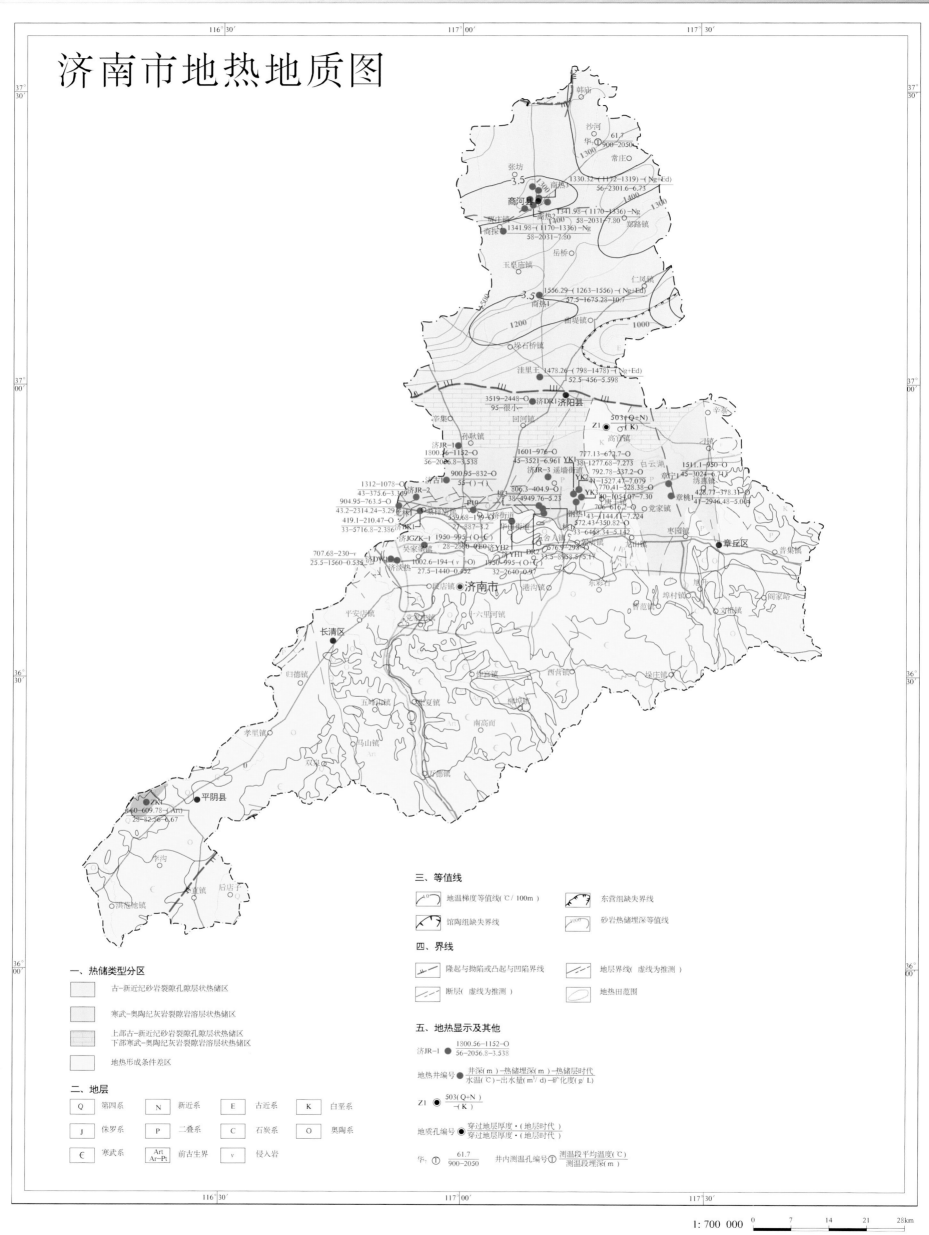

三、等值线

地温梯度等值线（℃/100m）　　　东营组缺失界线

馆陶组缺失界线　　　砂岩热储埋深等值线

四、界线

隆起与拗陷或凸起与凹陷界线　　　地层界线（虚线为推测）

断层（虚线为推测）　　　地热田范围图

五、地热显示及其他

济JR-1 ● $\frac{1800.56-1152-O}{56-2056.8-3.538}$

地热井编号 ● $\frac{井深（m）-热储埋深（m）-热储层时代}{水温（℃）-出水量（m^3/d）-矿化度（g/L）}$

Z1 ● $\frac{503(Q+N)}{-(K)}$

地质孔编号 ● $\frac{穿过地层厚度 \cdot （地层时代）}{穿过地层厚度 \cdot （地层时代）}$

华：① $\frac{61.7}{900-2050}$ $\frac{井内测温孔编号①}{\frac{测温段平均温度（℃）}{测温段埋深（m）}}$

一、热储类型分区

古-新近纪砂岩裂隙孔隙层状热储区

寒武-奥陶纪灰岩裂隙岩溶层状热储区

上部古-新近纪砂岩裂隙孔隙层状热储区
下部寒武-奥陶纪灰岩裂隙岩溶层状热储区

地热形成条件差区

二、地层

Q 第四系　　N 新近系　　E 古近系　　K 白垩系

J 侏罗系　　P 二叠系　　C 石炭系　　O 奥陶系

Є 寒武系　　Art Ar-Pt 前古生界　　v 侵入岩

1:700 000　　0　7　14　21　28km

济南市地热资源潜力分区图

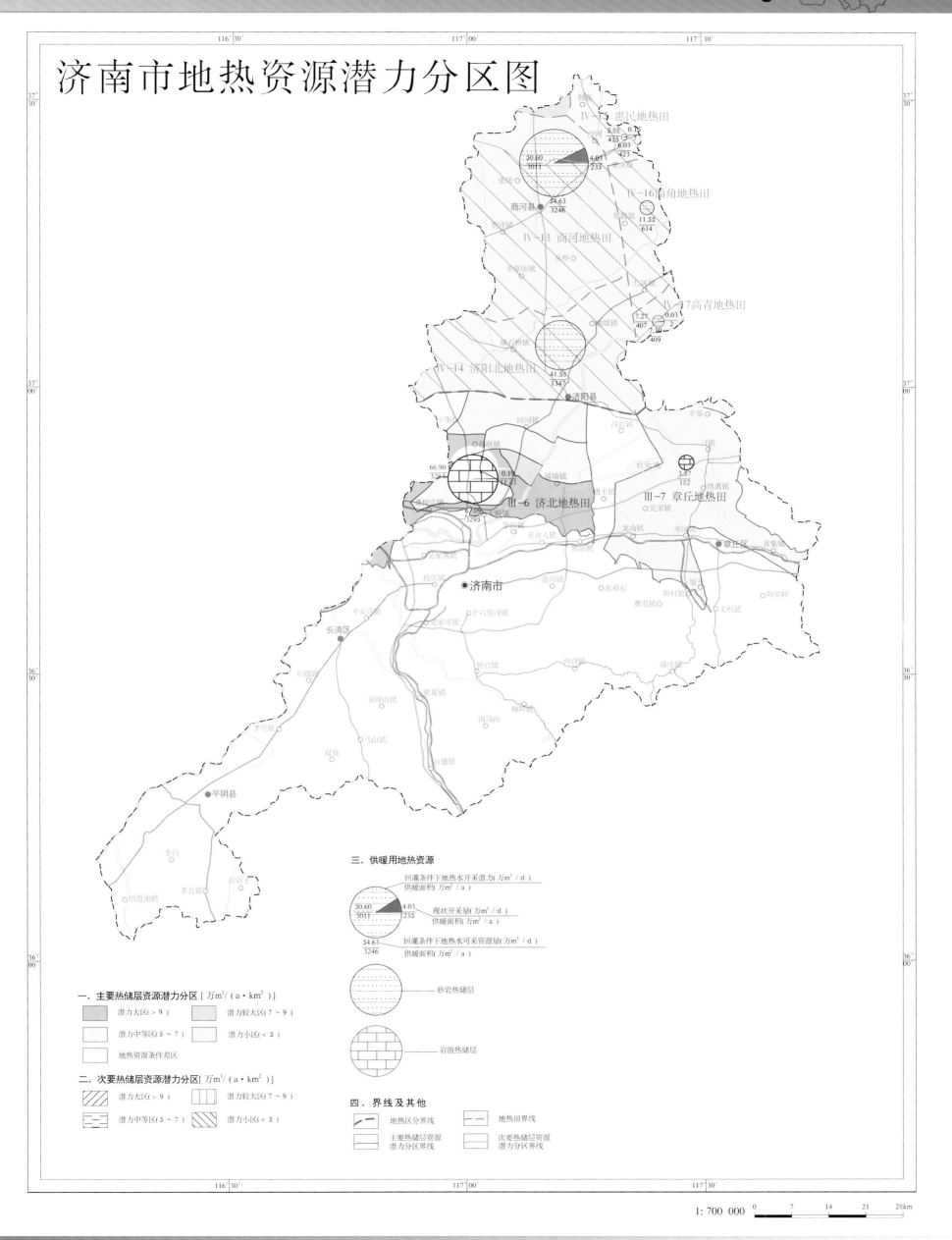

一、主要热储层资源潜力分区 [万m³/ (a·km²)]

潜力大区(> 9)　　　潜力较大区(7 ~ 9)

潜力中等区(5 ~ 7)　　　潜力小区(< 5)

地热资源条件差区

二、次要热储层资源潜力分区 [万m³/ (a·km²)]

潜力大区(> 9)　　　潜力较大区(7 ~ 9)

潜力中等区(5 ~ 7)　　　潜力小区(< 5)

三、供暖用地热资源

回灌条件下地热水开采潜力 (万m³/ d)
供暖面积(万m²/ a)

50.60 / 3011　4.03 / 235　现状开采量(万m³/ d)
供暖面积(万m²/ a)

54.63 / 3246　回灌条件下地热水可采资源量(万m³/ d)
供暖面积(万m²/ a)

砂岩热储层

岩溶热储层

四、界线及其他

地热区分界线　　　地热田界线

主要热储层资源潜力分区界线　　　次要热储层资源潜力分区界线

1 : 700 000　0　7　14　21　28km

青岛市地热地质条件及采灌均衡资源评价

一、地热地质条件

青岛市位于山东半岛东南部，濒临黄海，跨胶莱盆地与胶南隆起。中、新生代特别是燕山期地壳活动剧烈，形成一系列北东、北西向断裂。北东向断裂多为压扭性导热断裂，北西向断裂多为张性导水断裂，这些断裂为地下水的运移、加热、上涌提供了良好的通道。地热资源主要赋存于北东向导热断裂和北西向导水断裂交汇处，地热田成矿模式属开放－对流－腔管状型。

青岛市现有2处地热田，其中即墨东温汤为天然出露温泉，旧店地热田是平度旧店金矿开采过程中揭露的地热田。

即墨东温汤位于即墨市温泉镇，热储岩性为白垩纪砂岩，目前井口出水温度62℃；历史天然温泉自流量10.08 m³/h（241.92 m³/d），水温90℃；水化学类型为Cl-Na型，矿化度为7.69 g/L，地热水中氟含量4.14 mg/L，偏硅酸含量117.00 mg/L，锶含量19.30 mg/L，达到命名矿水浓度。

旧店地热田位于平度市旧店镇，热储岩性为二长花岗岩，为金矿开采过程中293 m深处巷道突水点，水温61℃，涌水量68.75 m³/h（1650 m³/d），水化学类型Cl·SO₄·HCO₃-Na型，矿化度为0.80 g/L，地热水中氟含量13.79 mg/L，偏硅酸含量138.40 mg/L，达到命名矿水浓度。

二、开发利用现状

即墨东温汤为开发较早的地热田，主要用于理疗；旧店地热田尚未开发利用。

三、地热资源潜力

青岛市自然条件下地热水可采资源量3784 m³/d，折合标准煤1.57万 t/a，可接待理疗人次0.95万人·次。具体见图5、表10。

目前地热水开采量1800 m³/d，折合标准煤0.74万 t/a，接待理疗人次0.45万人·次。

地热水开采潜力资源量1984 m³/d，折合标准煤0.83万 t/a，潜力接待理疗人次0.50万人·次。

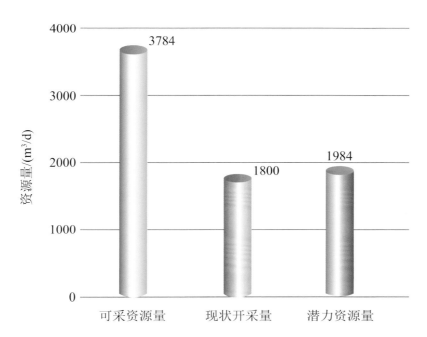

图 5　青岛市地热资源量及开采潜力柱状图

表 10　青岛市地热资源量－开采现状－开采潜力一览表

序号	地热田编号及名称	可采资源量			开采现状			潜力资源量		
		地热水量	热能量	理疗人次	地热水量	热能量	理疗人次	地热水量	热能量	理疗人次
1	I-12 即墨东温汤	2134	8760	5334	1800	7390	4500	334	1370	834
2	I-16 旧店地热田	1650	6944	4125	0	0	0	1650	6944	4125
	合计	3784	15704	9459	1800	7390	4500	1984	8314	4959

注：地热水量单位为 m³/d；热能量（折合标准煤）单位为 t/a；理疗人次单位为人·次。

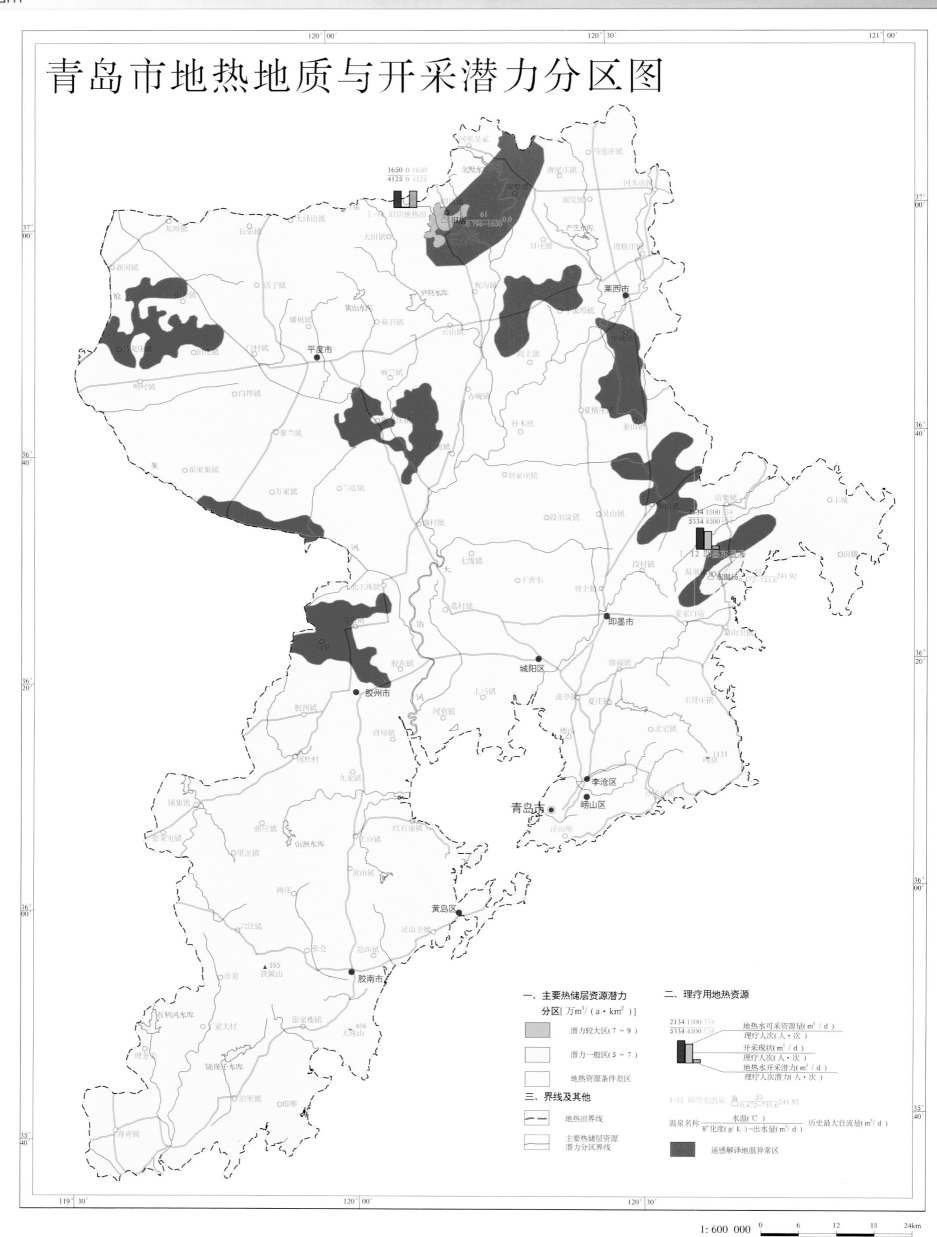

青岛市地热地质与开采潜力分区图

图例

一、主要热储层资源潜力

分区[万m³/(a·km²)]

- 潜力较大区(7～9)
- 潜力一般区(5～7)
- 地热资源条件差区

三、界线及其他

- 地热田界线
- 主要热储层资源潜力分区界线

二、理疗用地热资源

地热水可采资源值(m³/d)
理疗人次(人·次)
开采现状(m³/d)
理疗人次(人·次)
地热水开采潜力(m³/d)
理疗人次潜力(人·次)

1-12 即墨东温泉

温泉名称 水温(℃)
矿化度(g/L)-出水量(m³/d) 历史最大自流量(m³/d)

- 遥感解译地温异常区

1:600 000   0 6 12 18 24km

淄博市地热地质条件及采灌均衡资源评价

一、地热地质条件

淄博市地热资源丰富，以古－新近纪砂岩裂隙孔隙层状热储和寒武－奥陶纪碳酸盐岩裂隙岩溶层状热储为主；地热田成矿模式分别属于封闭－传导－层状型和弱开放－对流传导－带状层状型。

（一）古－新近纪砂岩裂隙孔隙层状热储

主要分布于高青县及桓台县北部，地热井深度一般 1500 m，热储含水层岩性以中、细砂岩为主，井口出水温度 53 ～ 74 ℃，单井涌水量 32.50 ～ 93.58 m³/h（780 ～ 2246 m³/d），水化学类型为 Cl-Na 型，矿化度 6 ～ 15 g/L。

（二）寒武－奥陶纪碳酸盐岩裂隙岩溶层状热储

主要分布于张店区西部至桓台县南部、临淄区北部、周村区－淄川区－博山区北部，另外在沂源县南麻－悦庄一带也有分布。地热井深度一般 1500 ～ 1800 m，热储含水层以奥陶纪马家沟群灰岩为主，井口出水温度 35 ～ 55℃，单井涌水量 41.67 ～ 83.33 m³/h（1000 ～ 2000 m³/d），水化学类型为 $SO_4·Cl-Na·Ca$ 型，矿化度 4 ～ 5 g/L。

二、开发利用现状

淄博市目前地热资源的开发集中分布于高青县和张店区。

高青县现有地热开采井 7 眼，主要用于供暖、理疗和温泉洗浴。2016 年 5 月，高青县被中国矿业联合会授予"中国温泉之城"称号，为山东省目前唯一被命名"中国温泉之城"的县。

山东省地矿局八〇一水文地质工程地质大队在张店区黄金国际小区建立了寒武－奥陶纪碳酸盐岩裂隙岩溶层状热储地热清洁能源供暖示范工程，共有地热井 3 眼，采用 1 采 1 灌的"采灌均衡、取热不取水"的可持续开发利用模式，实现供暖面积 9.0 万 m²，同时为 2963 户居民提供家庭用温泉水。此外，还建有黄金国际温泉游泳馆 1 座。一个供暖季地热能利用量折合标准煤 1900 t。

三、地热资源潜力

淄博市自然条件下供暖期地热水可采资源量为 58.61 万 m³/d，折合标准煤 64.56 万 t/a，可供暖面积 3127 万 m²/a。

按照"取热不取水"的采灌均衡开采模式，回灌条件下供暖期地热水可采资

源量为 86.90 万 m³/d，折合标准煤 96.13 万 t/a，可供暖面积 4679 万 m²/a。

目前供暖期地热水开采量为 0.81 万 m³/d，折合标准煤 0.86 万 t/a，供暖面积 41 万 m²/a。

回灌条件下供暖期地热水开采潜力资源量为 86.08 万 m³/d，折合标准煤 95.27 万 t/a，潜力供暖面积 4638 万 m²/a。具体见图 6、表 11。

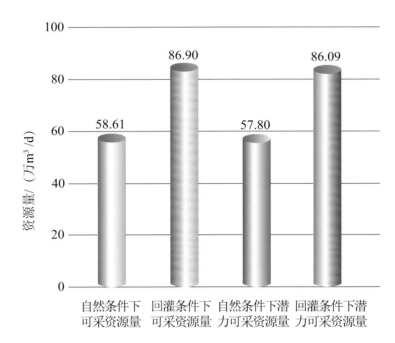

图 6 淄博市供暖期地热资源量及其开采潜力柱状图

表 11 淄博市供暖期地热资源量－开采现状－开采潜力一览表

序号	地热田编号及名称	自然条件下供暖期地热水可采资源量			回灌条件下地热水可采资源量			开采现状			回灌条件下供暖期地热水开采潜力		
		地热水量	热能量	供暖面积	地热水量	热能量	供暖面积	地热水量	热能量	供暖面积	地热水量	热能量	供暖面积
1	Ⅲ-7 章丘地热田	0.38	0.4	19	0.52	0.55	27	0	0	0	0.52	0.55	27
2	Ⅲ-8 周村地热田	1.71	1.51	73	3.1	2.73	153	0	0	0	3.1	2.73	153
3	Ⅲ-9 淄博地热田	7.92	8.01	388	10.88	11.45	554	0.16	0.19	9	10.72	11.26	545
4	Ⅲ-14 鲁村地热田	0	0	0	0	0	0	0	0	0	0	0	0
5	Ⅲ-16 沂源地热田	1.12	0.98	47	1.35	1.15	56	0.14	0.11	5	1.21	1.04	51
6	Ⅳ-17 高青地热田	39.8	44.42	2152	59.95	66.93	3243	0.36	0.39	19	59.59	66.54	3224
7	Ⅳ-24 滨州地热田	1.97	2.59	126	2.36	3.11	151	0.05	0.06	3	2.31	3.05	148
8	Ⅳ-25 博兴地热田	4.99	6.05	293	7.75	9.39	455	0.1	0.11	5	7.65	9.28	450
9	Ⅳ-32 寿光地热田	0.72	0.6	29	0.99	0.82	40	0	0	0	0.99	0.82	40
	合计	58.61	64.56	3127	86.90	96.13	4679	0.81	0.86	41	86.09	95.27	4638

注：地热水量单位为万 m³/d；热能量（折合标准煤）单位为万 t/a；供暖面积单位为万 m²/a。

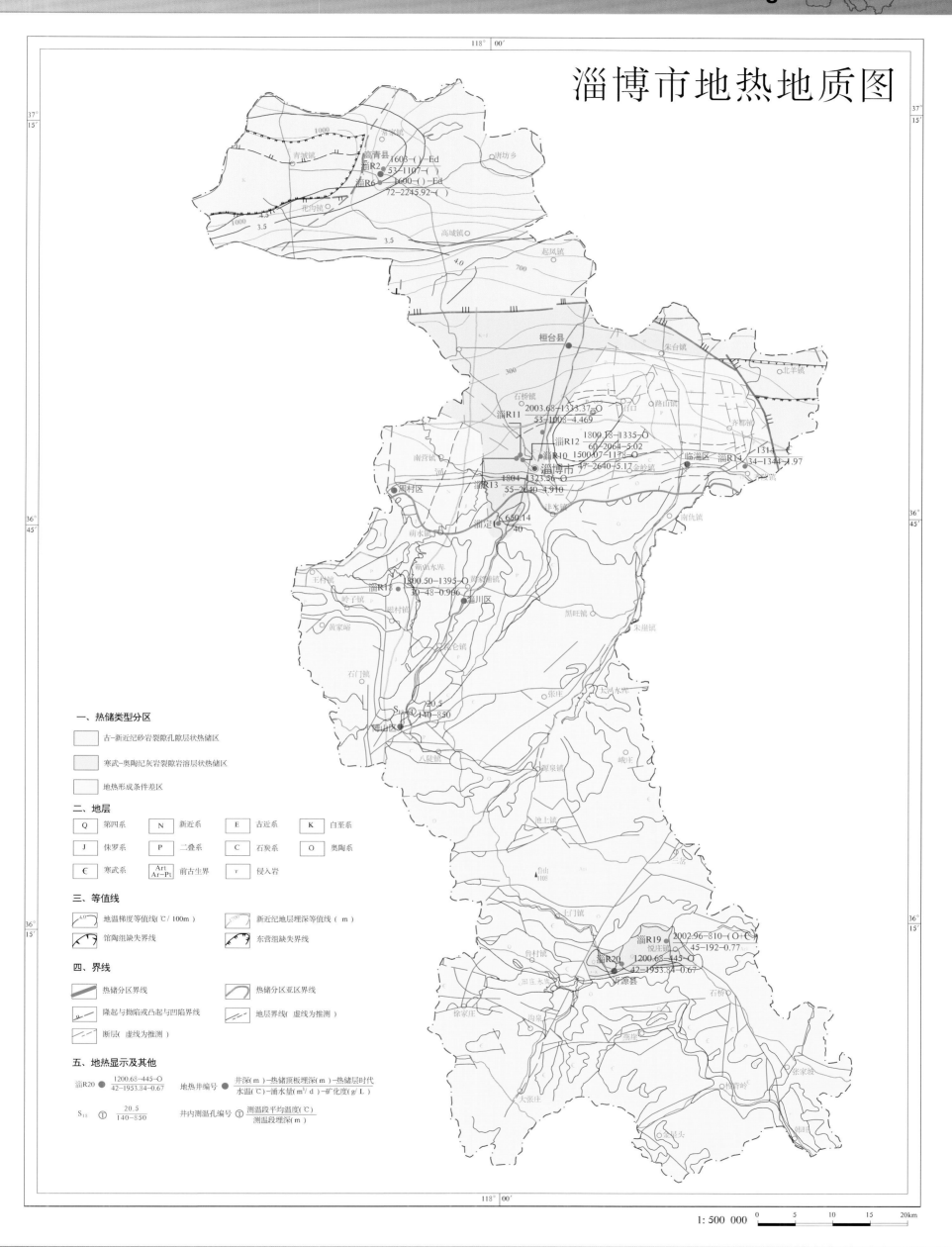

淄博市地热地质图

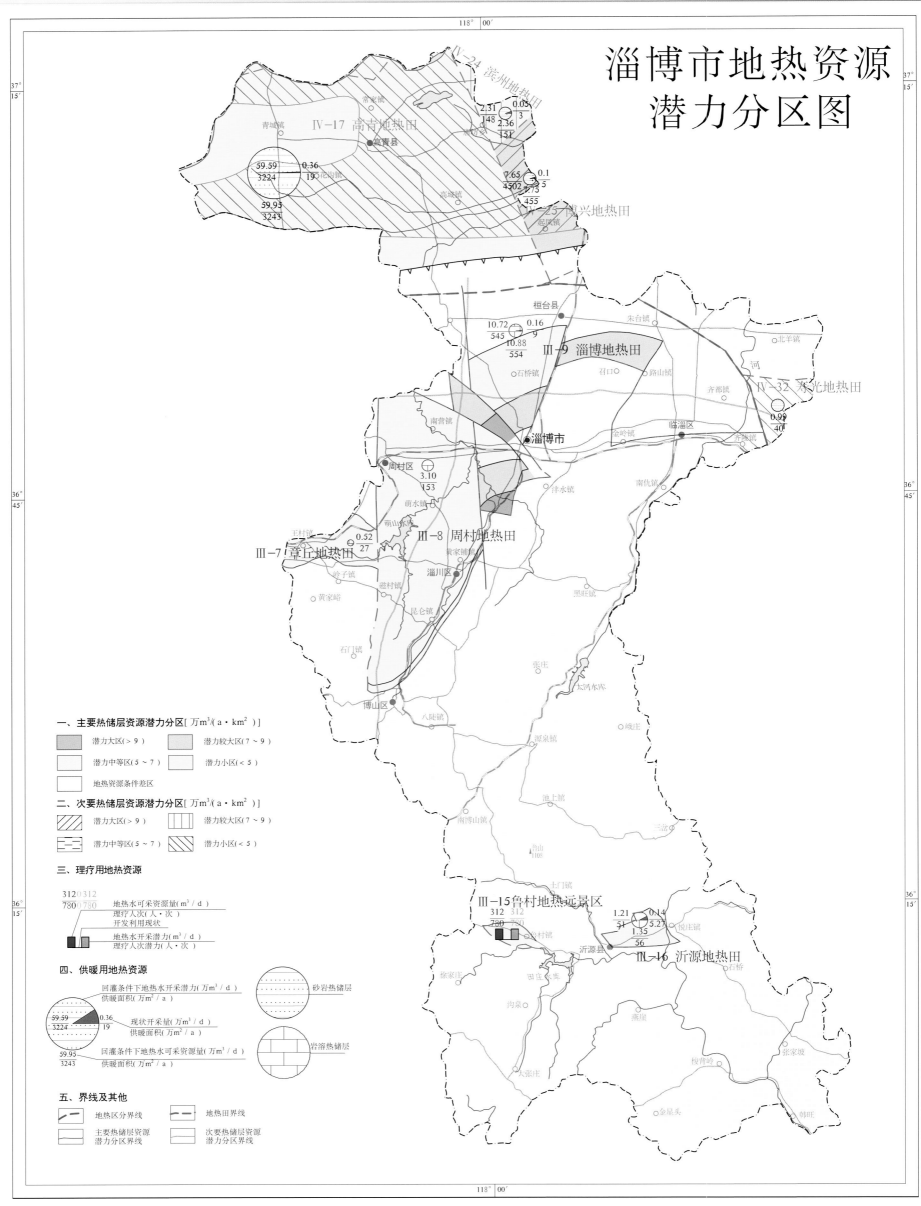

淄博市地热资源
潜力分区图

一、主要热储层资源潜力分区[万m³/(a·km²)]
潜力大区(>9)
潜力较大区(7~9)
潜力中等区(5~7)
潜力小区(<5)
地热资源条件差区

二、次要热储层资源潜力分区[万m³/(a·km²)]
潜力大区(>9)
潜力较大区(7~9)
潜力中等区(5~7)
潜力小区(<5)

三、理疗用地热资源
地热水可采资源量(m³/d)
理疗人次(人·次)
开发利用现状
地热水开采潜力(m³/d)
理疗人次潜力(人·次)

四、供暖用地热资源
回灌条件下地热水开采潜力(万m³/d)
供暖面积(万m²/a)
现状开采量(万m³/d)
供暖面积(万m²/a)
回灌条件下地热水可采资源量(万m³/d)
供暖面积(万m²/a)
砂岩热储层
岩溶热储层

五、界线及其他
地热区分界线
地热田界线
主要热储层资源潜力分区界线
次要热储层资源潜力分区界线

1:500 000   0   5   10   15   20km

32

枣庄市地热地质条件及采灌均衡资源评价

一、地热地质条件

枣庄市位于山东省南部，西濒微山湖、东依沂蒙山区。地热田受峄山断裂、枣庄断裂、韩庄四户断裂控制，主要分布于滕西平原、台儿庄平原及陶枣盆地，热储层类型为寒武－奥陶纪碳酸盐岩裂隙岩溶层状热储，岩溶发育不均匀，受断裂构造控制明显。在断裂构造带及其影响范围内，裂隙岩溶较发育，富水性较好。地热田成矿模式属于弱开放－对流传导－带状层状型。

二、开发利用现状

枣庄市地热地质勘查研究程度较低，仅在其西北部的滕州市境内有 2 眼地热开采井，开采寒武－奥陶纪碳酸盐岩裂隙岩溶热储层地热水。据地热井资料，井深 1259.73 m，热储层顶板埋深 925 m，单井涌水量 100.88 m³/h(2421.12 m³/d)，矿化度 4.87 g/L，水化学类型为 $SO_4 \cdot Cl\text{-}Na \cdot Ca$ 型，井口出水温度 45 ℃，属温热水－热水型地温地热资源，开发利用方式为供暖、洗浴。

三、地热资源潜力

枣庄市自然条件下供暖期地热水可采资源量 36.70 万 m³/d，折合标准煤 26.73 万 t/a，可供暖面积 1294 万 m²/a。

按照"取热不取水"的采灌均衡开采模式，回灌条件下供暖期地热水可采资源量 116.92 万 m³/d，折合标准煤 88.04 万 t/a，可供暖面积 4261 万 m²/a。

目前供暖期地热水开采量为 0.33 万 m³/d，折合标准煤 0.29 万 t/a，供暖面积 13.81 万 m²/a。

回灌条件下供暖期地热水开采潜力资源量为 116.58 万 m³/d，折合标准煤 87.75 万 t/a，潜力供暖面积 4249 万 m²/a。详见图 7、表 12。

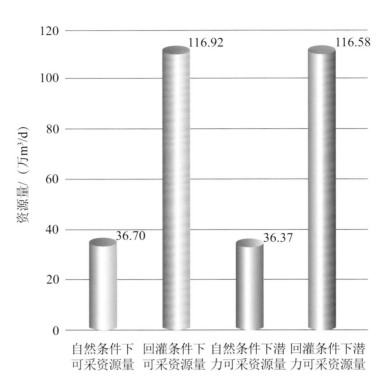

图 7 枣庄市供暖期地热资源可开采量及潜力柱状图

表 12 枣庄市供暖期地热资源量 – 开采现状 – 开采潜力一览表

序号	地热田编号及名称	自然条件下供暖期地热水可采资源量			回灌条件下地热水可采资源量			开采现状			回灌条件下供暖期地热水开采潜力		
		地热水量	热能量	供暖面积	地热水量	热能量	供暖面积	地热水量	热能量	供暖面积	地热水量	热能量	供暖面积
1	III -31 滕州地热田	16.54	14.20	687	62.33	53.50	2589	0.33	0.29	13.81	61.99	53.21	2576
2	III -33 枣庄地热远景区	8.62	3.94	191	21.18	9.69	469	0	0	0	21.18	9.69	469
3	III -34 韩庄地热远景区	11.54	8.59	416	33.41	24.85	1203	0	0	0	33.41	24.85	1204
	合计	36.70	26.73	1294	116.92	88.04	4261	0.33	0.29	13.81	116.58	87.75	4249

注：地热水量单位为万 m³/d；热能量（折合标准煤）单位为万 t/a；供暖面积单位为万 m²/a。

枣庄市地热地质图

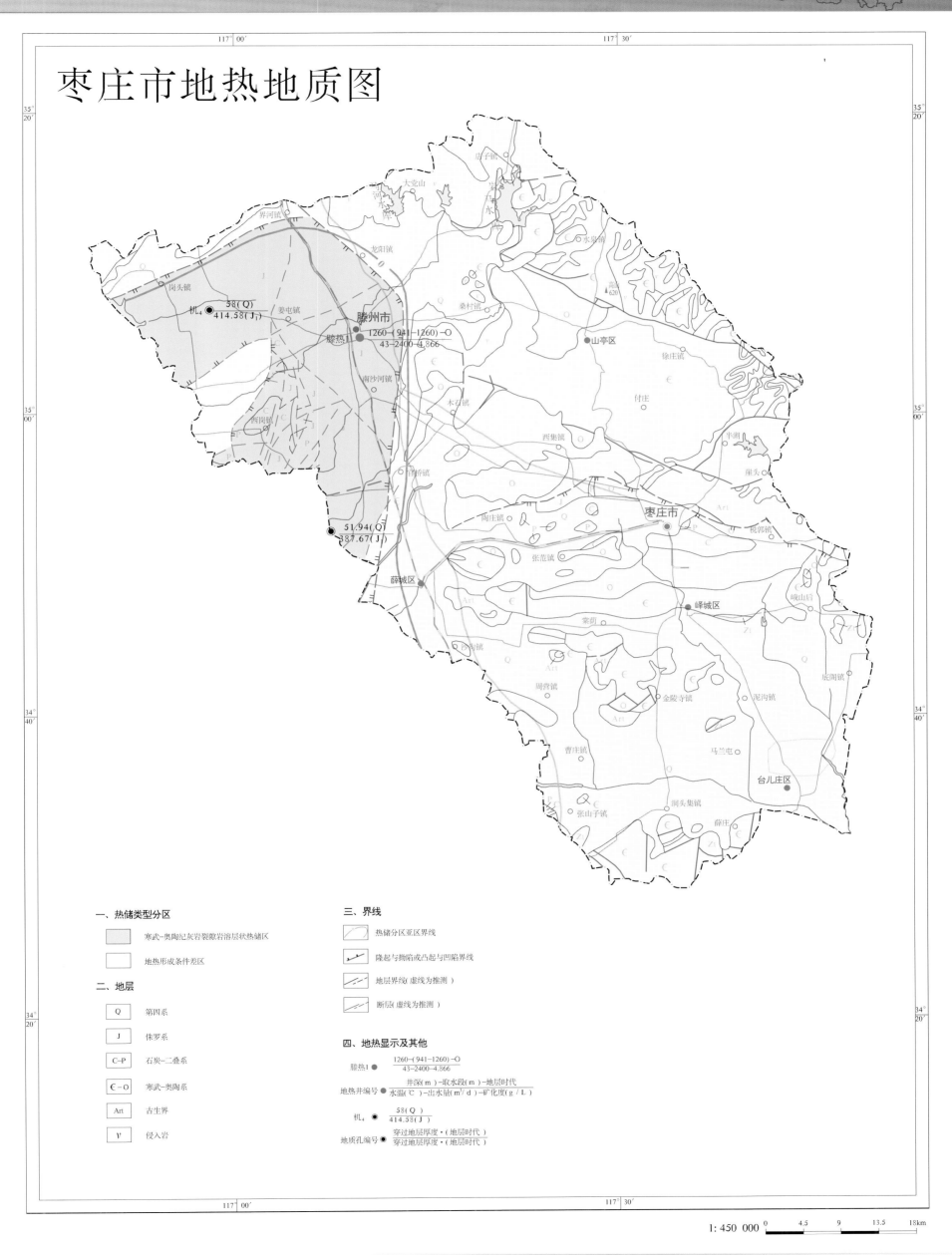

一、热储类型分区

- 寒武-奥陶纪灰岩裂隙岩溶层状热储区
- 地热形成条件差区

二、地层

Q	第四系
J	侏罗系
C-P	石炭-二叠系
∈-O	寒武-奥陶系
Art	古生界
V	侵入岩

三、界线

- 热储分区亚区界线
- 隆起与拗陷或凸起与凹陷界线
- 地层界线(虚线为推测)
- 断层(虚线为推测)

四、地热显示及其他

地热井编号 滕热I ● $\dfrac{1260-(941-1260)-O}{43-2400-4.866}$
井深(m)-取水段(m)-地层时代 / 水温(℃)-出水量(m³/d)-矿化度(g/L)

地质孔编号 机₄ ● $\dfrac{58(Q)}{414.58(J_1)}$
穿过地层厚度·(地层时代) / 穿过地层厚度·(地层时代)

1:450 000   0   4.5   9   13.5   18km

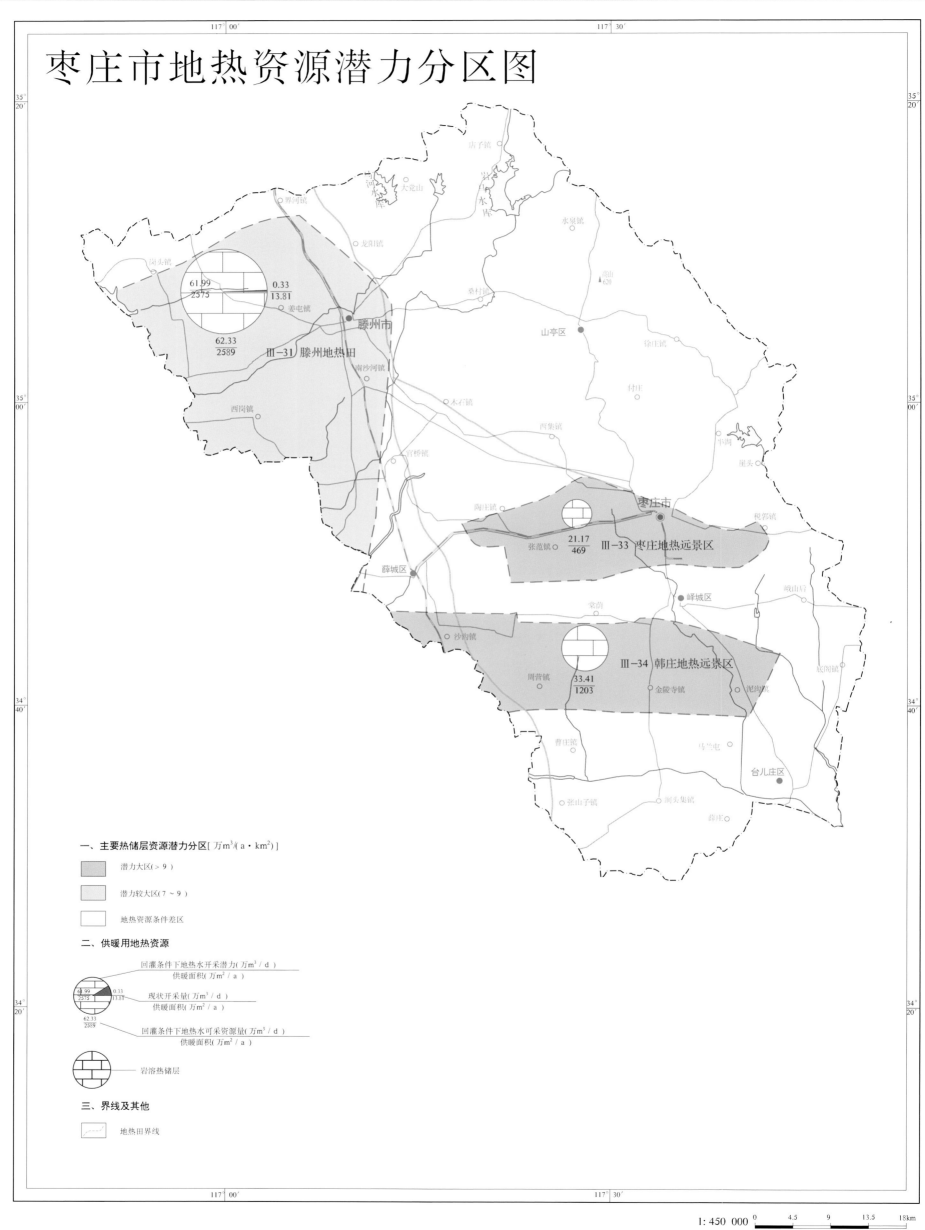

枣庄市地热资源潜力分区图

Ⅲ-31 滕州地热田

61.99 / 2575   0.33 / 13.81

62.33 / 2589

21.17 / 469   Ⅲ-33 枣庄地热远景区

33.41 / 1203   Ⅲ-34 韩庄地热远景区

一、主要热储层资源潜力分区 [万m³/(a·km²)]

潜力大区(>9)

潜力较大区(7~9)

地热资源条件差区

二、供暖用地热资源

回灌条件下地热水开采潜力(万m³/d)
供暖面积(万m²/a)

现状开采量(万m³/d)
供暖面积(万m²/a)

回灌条件下地热水可采资源量(万m³/d)
供暖面积(万m²/a)

岩溶热储层

三、界线及其他

地热田界线

1:450 000   0   4.5   9   13.5   18km

东营市地热地质条件及采灌均衡资源评价

一、地热地质条件

东营市地处黄河三角洲腹地，地热资源具有分布范围广、储量大、埋藏浅、易开采等特点，是继油气资源之后的第二大能源矿产。东营市地热资源的开发利用起步较晚，有着巨大的潜在经济价值。"十三五"期间，东营市将新增水热型地热资源和油田余热供暖面积1200万m^2，占"十三五"规划全省新增地热供暖面积5000万m^{2}的24%。东营市主要热储层为新近纪馆陶组和古近纪东营组裂隙孔隙层状热储层，其次为寒武－奥陶纪碳酸盐岩裂隙岩溶层状热储层。盖层主要为第四系和新近纪明化镇组。

（一）新近纪馆陶组砂岩裂隙孔隙层状热储

广泛分布于广饶县花官、王道、广饶县盐务局一线以北，面积5600 km^2，占东营市面积的70.7%，仅在陈庄潜凸起中部盐窝镇一带小面积缺失。热储岩性为含砾砂岩、砂砾岩、细砂岩。据已有的地热井资料，井口出水温度54～85℃；东营潜凹陷地热井取水段1100～1300 m，井口出水温度较低，一般54～60℃；沾化潜凹陷和孤岛潜凸起区地热井取水段1500～2200 m，井口出水温度较高，一般70～85℃。馆陶组热储地热水中离子以Cl$^-$及Na$^+$、Ca^{2+}为主。Cl$^-$质量浓度为4921.66～13848.19 mg/L，Na$^+$质量浓度为2840.0～6625.0 mg/L，Ca^{2+}质量浓度为290.97～1766.51 mg/L，矿化度为8.72～22.89 g/L，水化学类型为Cl-Na型，pH为6.7～7.4。地热水中富含锂、锶、溴、铁、锰、碘、偏硼酸等人体健康所必需的微量元素和组分，其中偏硅酸（35.82～58.50 mg/L）、偏硼酸（7.28～12.25 mg/L）质量浓度均达到矿水浓度。

（二）古近纪砂岩裂隙孔隙层状热储

古近纪东营组热储：主要分布在广饶县北部、东营区中心城区、河口区城区及孤岛镇、黄河口镇、东营港一带，地质构造位于东营潜凹陷与沾化潜凹陷区中部，面积3495 km^2，占东营市面积的44.1%。热储岩性主要为砂岩、细砂岩、砂砾岩。据已有地热井资料，东营潜凹陷内取水段1400～1600 m，井口出水温度62～74℃，单井涌水量70～80 m^3/h（1680～1920 m^3/d），热储渗透系数为0.5～1.3 m/d。地热水中离子亦以Cl$^-$及Na$^+$、Ca^{2+}为主，Cl$^-$质量浓度为11122.55～13679.47 mg/L，Na$^+$质量浓度为5218.22～6500.00 mg/L，Ca^{2+}质量浓度变化较大，一般为734.83～2207.15 mg/L，矿化度为18.47～23.01 g/L，水化学类型以Cl-Na型为主，其次是Cl-Na·Ca型。

古近纪沙河街组热储：主要分布在东营区－广饶县－广利港口一带，面积 845 km²，占东营市面积的 10.5%。热储顶板埋深一般为 817～1432 m，热储厚度差异大，2000 m 以浅厚度一般为 339～700 m。沙河街组岩性为含砾中砂岩、砂泥质胶结砾岩与泥岩互层。主要富水层位为沙二段及沙三段，其中广饶县城附近主要热储层为沙三段，孔隙度 28%，井深一般在 1200 m，单井涌水量 30 m³/h（720 m³/d），井口出水温度 48℃。广饶县东北部以及广利港口附近，主要热储为沙二段，孔隙度在 30% 左右，井深一般在 1800～2000 m，单井涌水量 90 m³/h（2160 m³/d），井口出水温度 40～66℃。

（三）寒武－奥陶纪碳酸盐岩裂隙岩溶层状热储

该热储层主要分布于义和庄潜凸起、刁口潜凸起南部与北部、孤岛潜凸起、陈庄潜凸起的北部及广饶潜凸起；受构造控制，各潜凸起区寒武－奥陶系顶板埋深差别较大，广饶潜凸起顶板埋深最浅，为 800～900 m；孤岛潜凸起顶板埋深最深，为 1600～2000 m，寒武－奥陶纪热储岩性以灰色、灰白色灰岩为主，其次为鲕状灰岩，豹皮灰岩及白云质灰岩，热储岩溶发育受构造及岩性的控制明显，白云岩或白云质灰岩的岩溶发育程度较强。目前区内寒武－奥陶纪热储地热井主要位于孤岛潜凸起区，据已施工地热井资料，碳酸盐岩热储层岩溶裂隙发育不均匀，单井涌水量 2.08～83.33 m³/h（50～2000 m³/d），井口出水温度 70～90℃。据孤古 1 井资料，地热水中 Cl^- 质量浓度 10048.19 mg/L，Na^+ 质量浓度 5620.00 mg/L，Ca^{2+} 质量浓度 676.40 mg/L，矿化度 17.38 g/L，水化学类型为 Cl-Na 型，SO_4^{2-} 质量浓度低，小于检出精度 (<3 mg/L)。

二、开发利用现状

东营市地热资源开发始于 20 世纪 80 年代，21 世纪初开始进入快速开发阶段。地热井主要分布于东营区、河口区、广饶县、垦利区，以开采馆陶组、东营组热储地热水为主。目前全市有地热开采井 116 眼，年开采量 1295 万 m³，主要用于供暖、理疗，供暖期开采量占全年用水量的 90% 以上。另外，在位于陈庄潜凸起的利津县盐窝镇施工了我国第 1 眼干热岩勘探孔，孔深 2500 m，孔底温度 109℃，预测 4000 m 孔深处温度可达 150℃以上。

三、地热资源潜力

东营市自然条件下供暖期地热水可采资源量为 590.80 万 m³/d，折合标准煤 849.49 万 t/a，可供暖面积 41166 万 m²/a。

按照"取热不取水"的采灌均衡开采模式，回灌条件下地热水可采资源量为 871.19 万 m³/d，折合标准煤 1253.45 万 t/a，可供暖面积 59816 万 m²/a。

目前供暖期地热水开采量为 10.99 万 m³/d，折合标准煤 13.61 万 t/a，供暖面积 660 万 m²/a。

回灌条件下供暖期地热水开采潜力资源量 860.20 万 m³/d，折合标准煤 1239.83 万 t/a，潜力供暖面积 59156 万 m²/a。详见图 8、表 13。

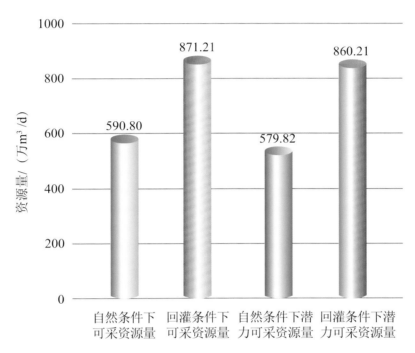

图 8 东营市供暖期地热资源量及其开采潜力柱状图

表 13 东营市地热资源量－开采现状－开采潜力一览表

序号	地热田名称	自然条件下供暖期地热水可采资源量			回灌条件下地热水可采资源量			开采现状			回灌条件下供暖期地热水开采潜力		
		地热水量	热能量	供暖面积	地热水量	热能量	供暖面积	地热水量	热能量	供暖面积	地热水量	热能量	供暖面积
1	Ⅳ-19 车镇北地热田	4.9	5.69	276	6	6.05	293	0.08	0.08	4	5.91	5.97	289
2	Ⅳ-20 车镇南地热田	4.19	4.54	220	5.52	5.98	290	0	0	0	5.52	5.98	290
3	Ⅳ-21 义和地热田	79.41	100.9	4889	108.8	139.7	6770	0	0	0	108.8	139.7	6770
4	Ⅳ-22 河口地热田	229.47	389.76	18888	321.71	546.15	26466	1.47	2.35	114	320.24	543.8	26352
5	Ⅳ-23 陈庄地热田	77.56	88.17	4272	106.56	122.4	5931	1.96	1.95	95	104.6	120.45	5837
6	Ⅳ-26 利津地热田	80.32	111.43	5400	125.38	173.95	8429	0.19	0.23	11	125.19	173.72	8418
7	Ⅳ-27 东营城区地热田	81.15	111.47	5402	154.86	212.71	10308	7.22	8.95	434	147.63	203.76	9874
8	Ⅳ-28 广北地热田	31.57	35.7	1730	37.85	42.8	1149	0	0	0	37.85	42.8	1149
9	Ⅳ-29 广饶地热田	2.23	1.83	89	4.53	3.71	180	0.06	0.05	2	4.47	3.66	178
	合计	590.8	849.49	41166	871.21	1253.45	59816	10.98	13.61	660	860.21	1239.84	59157

注：地热水量单位为万 m³/d；热能量（折合标准煤）单位为万 t/a；供暖面积单位为万 m²/a。

东营市地热地质图

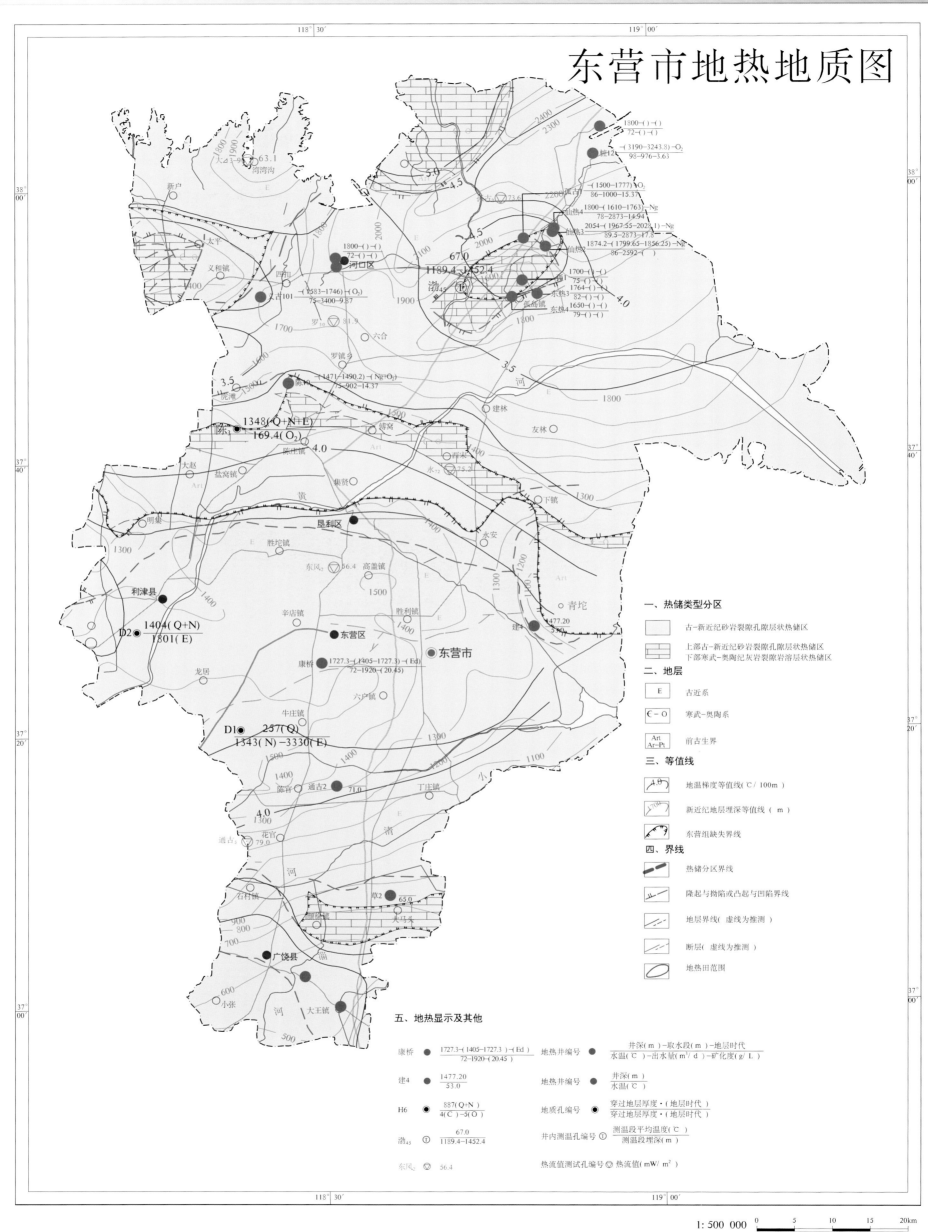

一、热储类型分区

古-新近纪砂岩裂隙孔隙层状热储区

上部古-新近纪砂岩裂隙孔隙层状热储区
下部寒武-奥陶纪灰岩裂隙岩溶层状热储区

二、地层

E 古近系

€-O 寒武-奥陶系

Art
Ar-Pt 前古生界

三、等值线

地温梯度等值线（℃/100m）

新近纪地层埋深等值线（m）

东营组缺失界线

四、界线

热储分区界线

隆起与拗陷或凸起与凹陷界线

地层界线（虚线为推测）

断层（虚线为推测）

地热田范围

五、地热显示及其他

康桥 ● $\dfrac{1727.3-(1405-1727.3)-(Ed)}{72-1920-(20.45)}$ 地热井编号 ● $\dfrac{井深（m）-取水段（m）-地层时代}{水温（℃）-出水量（m^3/d）-矿化度（g/L）}$

建4 ● $\dfrac{1477.20}{53.0}$ 地热井编号 ● $\dfrac{井深（m）}{水温（℃）}$

H6 ◉ $\dfrac{887(Q+N)}{4(€)-5(O)}$ 地质孔编号 ◉ $\dfrac{穿过地层厚度·（地层时代）}{穿过地层厚度·（地层时代）}$

渤45 ① $\dfrac{67.0}{1189.4-1452.4}$ 井内测温孔编号 ① $\dfrac{测温段平均温度（℃）}{测温段埋深（m）}$

东风2 ⊙ 56.4 热流值测试孔编号 ⊙ 热流值（mW/m²）

1:500 000　　0　5　10　15　20km

40

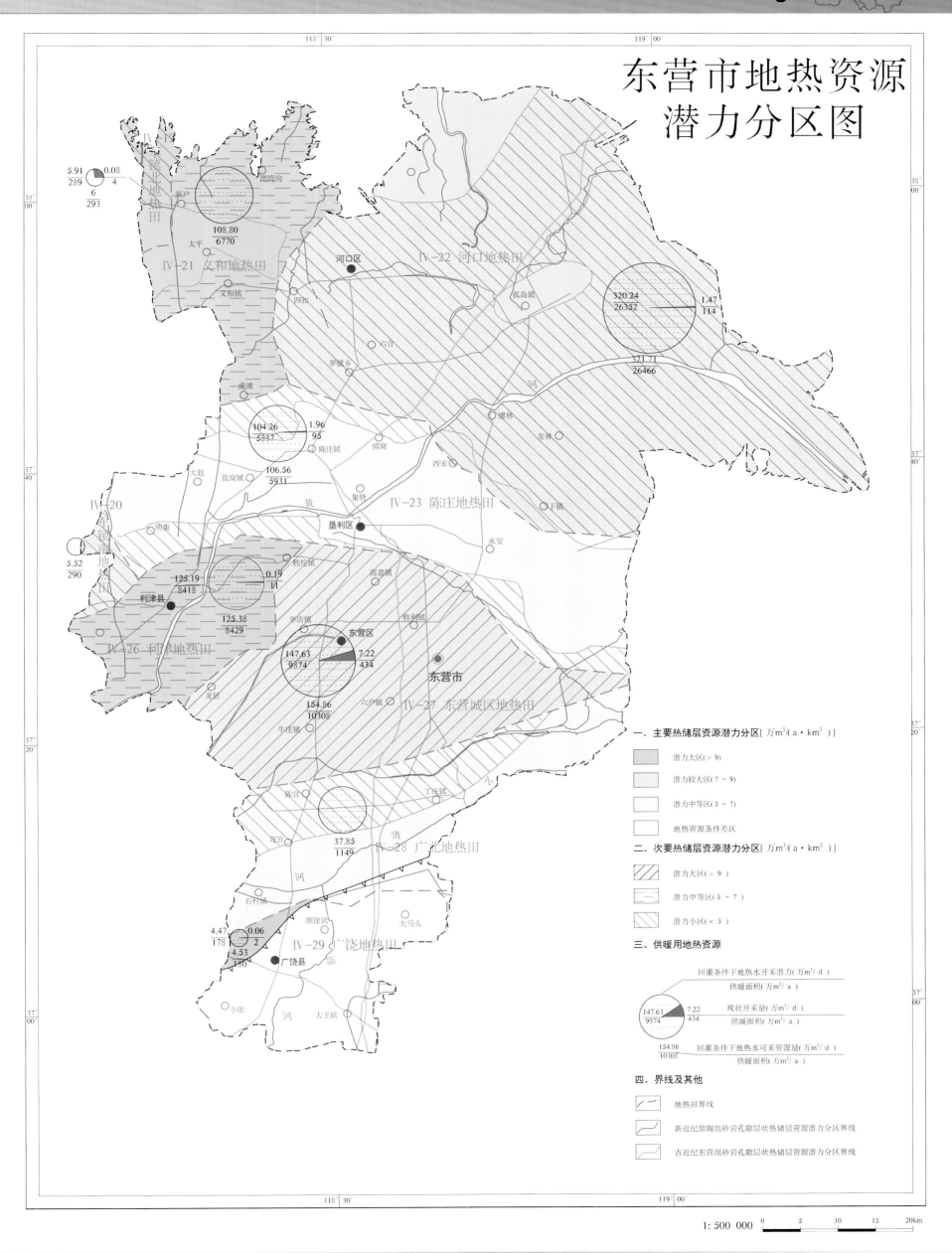

东营市地热资源潜力分区图

一、主要热储层资源潜力分区[万m³/(a·km²)]
- 潜力大区(＞9)
- 潜力较大区(7～9)
- 潜力中等区(5～7)
- 地热资源条件差区

二、次要热储层资源潜力分区[万m³/(a·km²)]
- 潜力大区(＞9)
- 潜力中等区(5～7)
- 潜力小区(＜5)

三、供暖用地热资源

回灌条件下地热水开采潜力(万m³/d)
供暖面积(万m²/a)
现状开采量(万m³/d)
供暖面积(万m²/a)
147.63 / 9874   7.22 / 434
回灌条件下地热水可采资源量(万m³/d)
154.86 / 10308
供暖面积(万m²/a)

四、界线及其他
- 地热田界线
- 新近纪馆陶组砂岩孔隙状热储层资源潜力分区界线
- 古近纪东营组砂岩孔隙层状热储层资源潜力分区界线

1：500 000   0   5   10   15   20km

烟台市地热地质条件及采灌均衡资源评价

一、地热地质条件

烟台市位于山东半岛东北部，北濒渤海，东邻黄海。中、新生代特别是燕山期地壳活动剧烈，形成一系列北东、北北东及北西向断裂。北东、北北东向断裂多为压扭性导热断裂，北西向断裂多为张性导水断裂，这些断裂为地下水的运移、加热、上涌提供了良好的通道。地热资源主要赋存于北东、北北东向导热断裂和北西向导水断裂交汇处，地热田成矿模式属开放－对流－腔管状型。

烟台市现有天然温泉地热田5处，水温高、水量丰富，富含多种对人体有益的微量元素，分别介绍如下：

招远东汤地热田位于招远市温泉路汤前村，热储岩性为花岗岩，目前井口出水温度90℃；历史天然温泉自流量10.01 m³/h（240.24 m³/d），水温90℃；水化学类型为Cl-Na型，矿化度3.31 g/L；地热水中氟含量4.14 mg/L，偏硅酸含量116.50 mg/L，锶含量19.30 mg/L，达到命名矿水浓度。

栖霞艾山汤地热田位于栖霞市艾山汤村，热储岩性为二长花岗岩，目前井口出水温度52℃；历史天然温泉自流量9.36 m³/h（224.64 m³/d），水温50.5℃；水化学类型为$HCO_3·SO_4$-Na型，矿化度0.80 g/L；地热水中氟含量9.29 mg/L，偏硅酸含量92.00 mg/L，达到命名矿水浓度。

蓬莱温石汤地热田位于蓬莱市温石汤村，热储岩性为花岗片麻岩，目前井口出水温度54℃；历史天然温泉自流量9.72 m³/h（233.28 m³/d），水温61.8℃；水化学类型为$HCO_3·SO_4$-Na型水，矿化度1.44 g/L；地热水中氟含量5.85 mg/L，偏硅酸含量128.30 mg/L，达到命名矿水浓度。

牟平于家汤地热田位于莱山区于家汤村，热储岩性为斑状二长花岗岩，目前井口出水温度57℃，历史天然温泉自流量12.24 m³/h（293.76 m³/d），水温65.4℃；水化学类型为$HCO_3·SO_4$-Na型，矿化度0.45 g/L；地热水中氟含量8.55 mg/L，偏硅酸含量90.4 mg/L，达到命名矿水浓度。

牟平龙泉汤地热田位于牟平区龙泉镇，热储岩性为斑状二长花岗岩，目前井口出水温度59℃，历史天然温泉自流量18.14 m³/h（435.36 m³/d），水温62℃；水化学类型为$HCO_3·SO_4$-Na型，矿化度0.54 g/L；地热水中氟含量8.91 mg/L，偏硅酸含量76.7 mg/L，达到命名矿水浓度。

二、开发利用现状

烟台市地热资源丰富，现有天然温泉地热田5处，开采井28眼，年开采量171.55万m³。招远东汤地热田、栖霞艾山汤地热田、牟平龙泉汤地热田开发利用程度较高，建有多处温泉度假村，以理疗为主，少数用于供暖；蓬莱温石汤地热田、牟平于家汤地热田开发利用程度相对较低，以小型温泉理疗为主。

三、地热资源潜力

烟台市自然条件下地热水可采资源量 12649 m³/d，折合标准煤 5.41 万 t/a，可接待理疗人次 3.16 万人·次。

目前地热水开采量 4700 m³/d，折合标准煤 2.13 万 t/a，接待理疗人次 1.18 万人·次。

地热水开采潜力资源量为 7949 m³/d，折合标准煤 3.28 万 t/a，潜力接待理疗人次 1.99 万人·次。详见图 9、表 14。

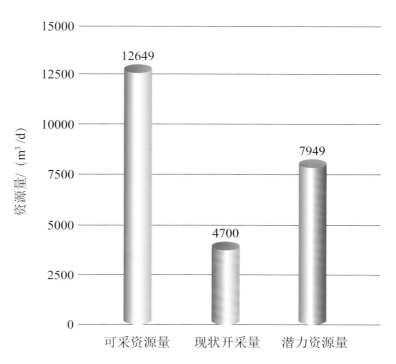

图 9 烟台市地热资源量及其开采潜力柱状图

表 14 烟台市地热资源量－开采现状－开采潜力一览表

序号	地热田编号及名称	可采资源量			开采现状			潜力资源量		
		地热水量	热能量	理疗人次	地热水量	热能量	理疗人次	地热水量	热能量	理疗人次
1	I-9 牟平龙泉汤	2874	11341	7185	1000	3946	2500	1874	7395	4685
2	I-10 牟平于家汤	1847	6726	4617	800	2914	2000	1047	3812	2617
3	I-13 栖霞艾山汤	669	2312	1672	600	2074	1500	69	238	172
4	I-14 蓬莱温石汤	3520	12167	8800	400	1383	1000	3120	10784	7800
5	I-15 招远东汤	3739	21544	9347	1900	10948	4750	1839	10596	4597
	合计	12649	54090	31621	4700	21265	11750	7949	32825	19871

注：地热水量单位为 m³/d；热能量（折合标准煤）单位为 t/a；理疗人次单位为人·次。

烟台市地热地质与开采潜力分区图

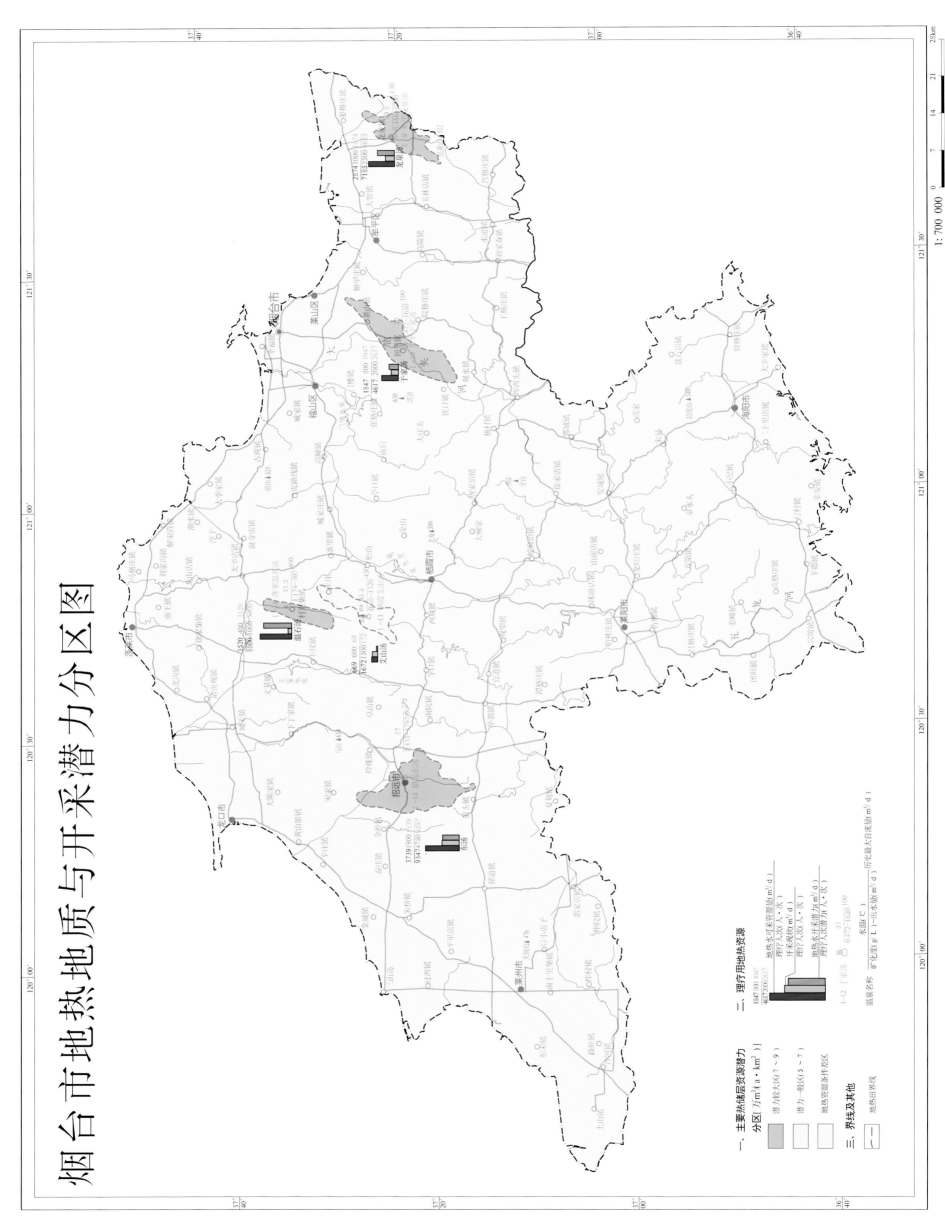

1:700 000

一、主要热储层资源潜力
分区 [万m³(a·km²)]
　　潜力较大区(7~9)
　　潜力一般区(5~7)
　　地热资源条件较差区

二、理疗用地热资源

三、界线及其他
　　地热田界线

44

潍坊市地热地质条件及采灌均衡资源评价

一、地热地质条件

潍坊市位于山东半岛的东部，地处黄河三角洲高效生态经济区、山东半岛蓝色经济区的重要交汇处。潍坊市地热资源丰富，分属鲁西北拗陷地热区和沂沭断裂带地热区2个地热大区，鲁西北拗陷地热区部分以层状热储为主，沂沭断裂带地热区部分以带状热储为主。按热储类型划分，主要分为古－新近纪砂岩裂隙孔隙层状热储、寒武－奥陶纪碳酸盐岩裂隙岩溶层状热储和太古宇泰山岩群基岩裂隙热储共三个热储类型。地热田成矿模式分别为封闭－传导－层状型、弱开放－对流传导－带状层状型和开放－对流－腔管状型三种类型。

（一）古－新近纪砂岩裂隙孔隙层状热储

新近纪馆陶组砂岩裂隙孔隙层状热储：分布在潍坊市西北的卧铺－羊口镇一带，热储顶板埋深800～1000 m，井口出水温度47 ℃，单井涌水量25 m³/h（600 m³/d）。

古近纪沙河街组裂隙孔隙层状热储：分布在寿光市北部的广南地热田及昌邑地热田。其中广南地热田内，热储顶板埋深750～1100 m，由南向北逐渐加深，砂岩热储厚度77～200 m，岩性为细砂岩，单井涌水量30 m³/h（720 m³/d），水化学类型为SO₄·Cl-Na型，矿化度2～3 g/L，井口出水温度51.8～58.1℃，属温热水型低温地热资源。据昌邑地热田内央热1井钻孔资料，热储层顶板埋深830～924 m，单井涌水量65 m³/h（156 m³/d），水化学类型为Cl-Na型，矿化度3.4 g/L。

古近纪孔店组热储：分布于牛头潜凹陷北部及东部、昌乐凹陷。热储顶板埋深在500～1550 m，热储岩性主要为粉砂岩、细砂岩，井口出水温度42～65.6℃，属温热水－热水型低温地热资源，单井涌水量30～50 m³/h（720～1200 m³/d），水化学类型为SO₄·Cl-Na型，矿化度2.6～10.0 g/L。

（二）太古宇泰山岩群基岩裂隙热储

分布在寿光潜凸起内，热储顶板埋深600～800 m，热储岩性为花岗片麻岩。热储厚度约100 m，井口出水温度40 ℃，属温热水型低温地热资源。单井涌水量25 m³/h（600 m³/d），水化学类型SO₄·Cl-Na型，矿化度2.5～3.5 g/L。

（三）寒武－奥陶纪碳酸盐岩裂隙岩溶层状热储

分布于昌乐凹陷、寿光潜凸起。其中昌乐凹陷热储顶板埋深910 m，揭露厚度350 m，井口出水温度35 ℃，单井涌水量50 m³/h（1200 m³/d），矿化度2.6 g/L。寿光潜凸起，顶板埋深650 m，揭露厚度100 m，井口出水温度42℃，单井涌

水量 25 m³/h（600 m³/d），矿化度 2.6 g/L。

二、开发利用现状

潍坊市地热资源开发利用程度较低，现有地热井 12 眼，其中安丘 2 眼、坊子区 2 眼、寿光 5 眼、昌邑 1 眼、昌乐 1 眼、临朐 1 眼。地热开发主要用于供暖和理疗，安丘 1 眼地热井用于地震观测。

三、地热资源潜力

（一）供暖用地热资源潜力评价

潍坊市自然条件下供暖期地热水可采资源量为 102.55 m³/d，折合标准煤 120.01 万 t/a，可供暖面积 5816 万 m²/a。

按照"取热不取水"的采灌均衡开采模式，回灌条件下地热水可采资源量为 141.65 万 m³/d，折合标准煤 166.11 万 t/a，可供暖面积 8050.00 万 m²/a。

目前地热水开采量为 0.10 万 m³/d，折合标准煤 0.09 万 t/a，供暖面积 4.00 万 m²/a。

回灌条件下供暖期地热水开采潜力资源量为 141.55 万 m³/d，折合标准煤 166.02 万 t/a，潜力供暖面积 8045.00 万 m²/a。详见图 10、表 15。

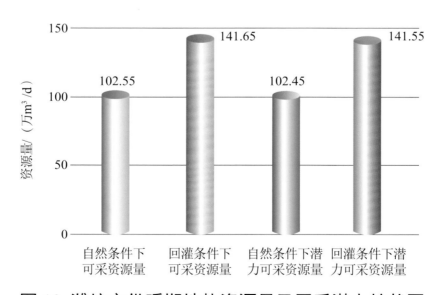

图 10 潍坊市供暖期地热资源量及开采潜力柱状图

表 15 潍坊市供暖地热资源量 - 开采现状 - 开采潜力一览表

序号	地热田编号及名称	自然条件下供暖期地热水可采资源量			回灌条件下地热水可采资源量			开采现状			回灌条件下供暖期地热水开采潜力		
		地热水量	热能量	供暖面积	地热水量	热能量	供暖面积	地热水量	热能量	供暖面积	地热水量	热能量	供暖面积
1	IV-28 广北地热田	6.71	6.92	335	8.04	8.3	402	0	0	0	8.04	8.30	402
2	IV-30 广南地热田	38.64	47.89	2321	53.19	65.91	3194	0	0	0	53.19	65.91	3194
3	IV-31 昌邑地热田	42.14	52.72	2555	59.79	74.81	3625	0	0	0	59.79	74.81	3625
4	IV-32 寿光地热田	15.06	12.48	605	20.63	17.09	828	0.10	0.09	4	20.53	17.00	824
	合计	102.55	120.01	5816	141.65	166.11	8050	0.10	0.09	4	141.55	166.02	8045

注：地热水量单位为万 m^3/d ；热能量（折合标准煤）单位为万 t/a ；供暖面积单位为万 m^2/a 。

（二）理疗用地热资源潜力评价

潍坊市理疗用地热田主要有坊子凹陷地热田、安丘地热远景区、莒县地热远景区，地热水资源量丰富，且富含有丰富的对人体有益的微量元素，具有极高的理疗价值。

潍坊市自然条件下理疗用地热水可采资源总量为 16894 m^3/d ，折合标准煤 35301 t/a，可接待理疗人次 42235 人·次。

目前潍坊市开采现状下地热水资源利用量很小，具有较大的开采潜力。

地热水开采潜力资源量为 16894 m^3/d ，折合标准煤 35301 t，潜力接待理疗人次 42235 人·次。详见图 11、表 16。

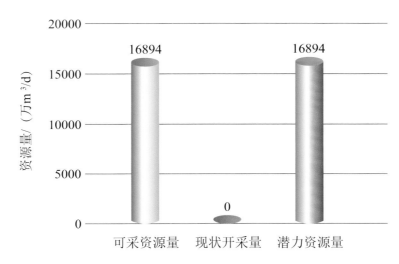

图 11 潍坊市地热资源量及其开采潜力柱状图

表 16 潍坊市理疗用地热资源量 - 开采现状 - 开采潜力一览表

序号	地热田编号及名称	可采资源量			现状开采量			潜力资源量		
		地热水量	热能量	理疗人次	地热水量	热能量	理疗人次	地热水量	热能量	理疗人次
1	II-1 坊子凹陷地热田	9973	15513	24932	0	0	0	9973	15513	24932
2	II-2 安丘地热远景区	2887	8254	7218	0	0	0	2887	8254	7218
3	II-4 莒县地热远景区	4034	11534	10085	0	0	0	4034	11534	10085
	合计	16894	35301	42235	0	0	0	16894	35301	42235

注：地热水量单位为 m^3/d ；热能量（折合标准煤）单位为 t/a ；理疗人次单位为人·次。

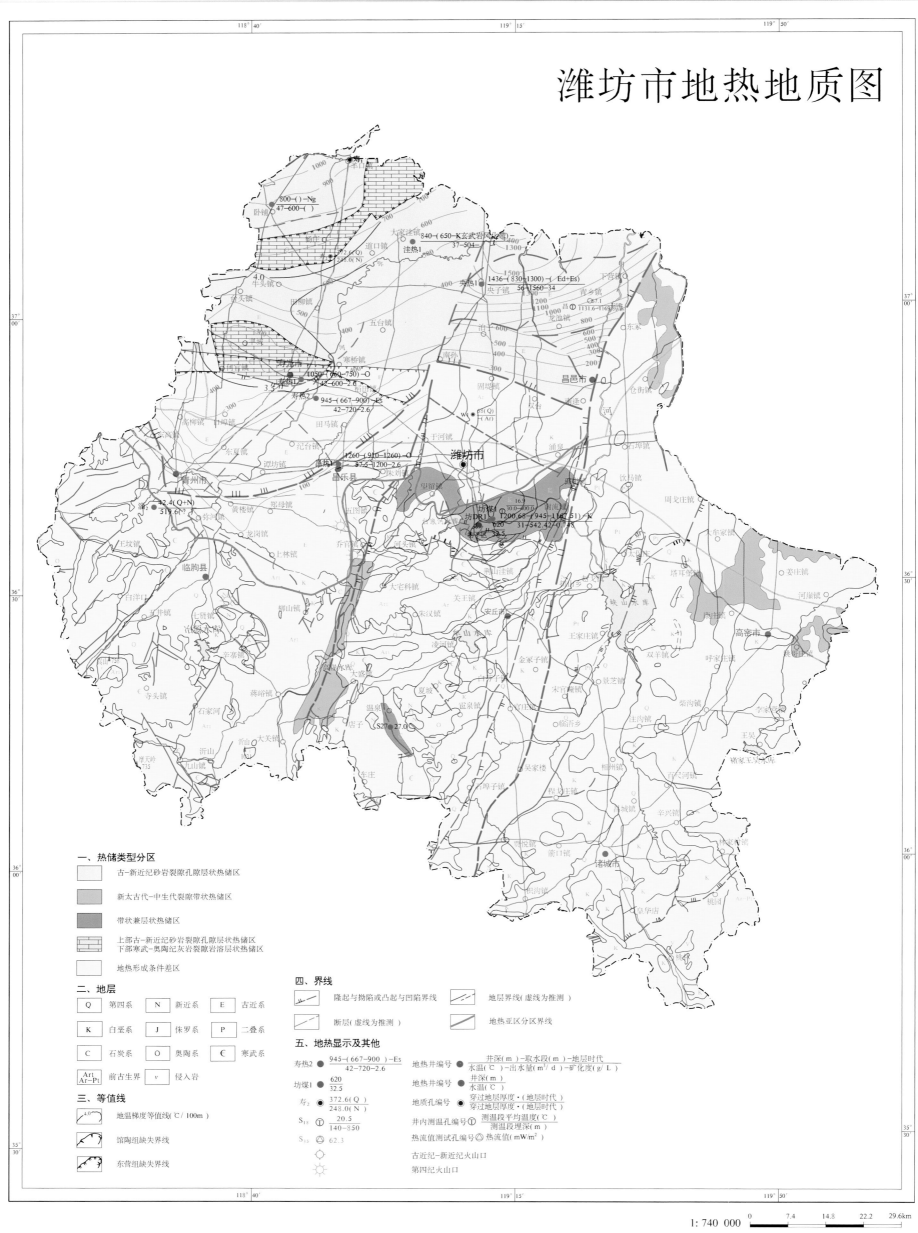

潍坊市地热地质图

一、热储类型分区
- 古-新近纪砂岩裂隙孔隙层状热储区
- 新太古代-中生代裂隙带状热储区
- 带状兼层状热储区
- 上部古-新近纪砂岩裂隙孔隙层状热储区
  下部寒武-奥陶纪灰岩裂隙岩溶层状热储区
- 地热形成条件差区

二、地层

Q	第四系	N	新近系	E	古近系
K	白垩系	J	侏罗系	P	二叠系
C	石炭系	O	奥陶系	Є	寒武系
Ar-Pt	前古生界	v	侵入岩		

三、等值线
- 地温梯度等值线值（℃/100m）
- 馆陶组缺失界线
- 东营组缺失界线

四、界线
- 隆起与拗陷或凸起与凹陷界线
- 断层（虚线为推测）
- 地层界线（虚线为推测）
- 地热亚区分区界线

五、地热显示及其他

寿热2 ● $\frac{945-(667-900)-Es}{42-720-2.6}$ 地热井编号 ● $\frac{井深(m)-取水段(m)-地层时代}{水温(℃)-出水量(m^3/d)-矿化度(g/L)}$

坊煤1 ● $\frac{620}{32.5}$ 地热井编号 ● $\frac{井深(m)}{水温(℃)}$

寿2 ● $\frac{372.6(Q)}{248.0(N)}$ 地质孔编号 ● $\frac{穿过地层厚度·地层时代}{穿过地层厚度·地层时代}$

S13 ● $\frac{20.5}{140-850}$ 井内测温孔编号 ① $\frac{测温段平均温度(℃)}{测温段理深(m)}$

S13 ● 62.3   热流值测试孔编号 ① 热流值(mW/m²)

◇ 古近纪-新近纪火山口

☀ 第四纪火山口

1:740 000   0   7.4   14.8   22.2   29.6km

潍坊市地热资源潜力分区图

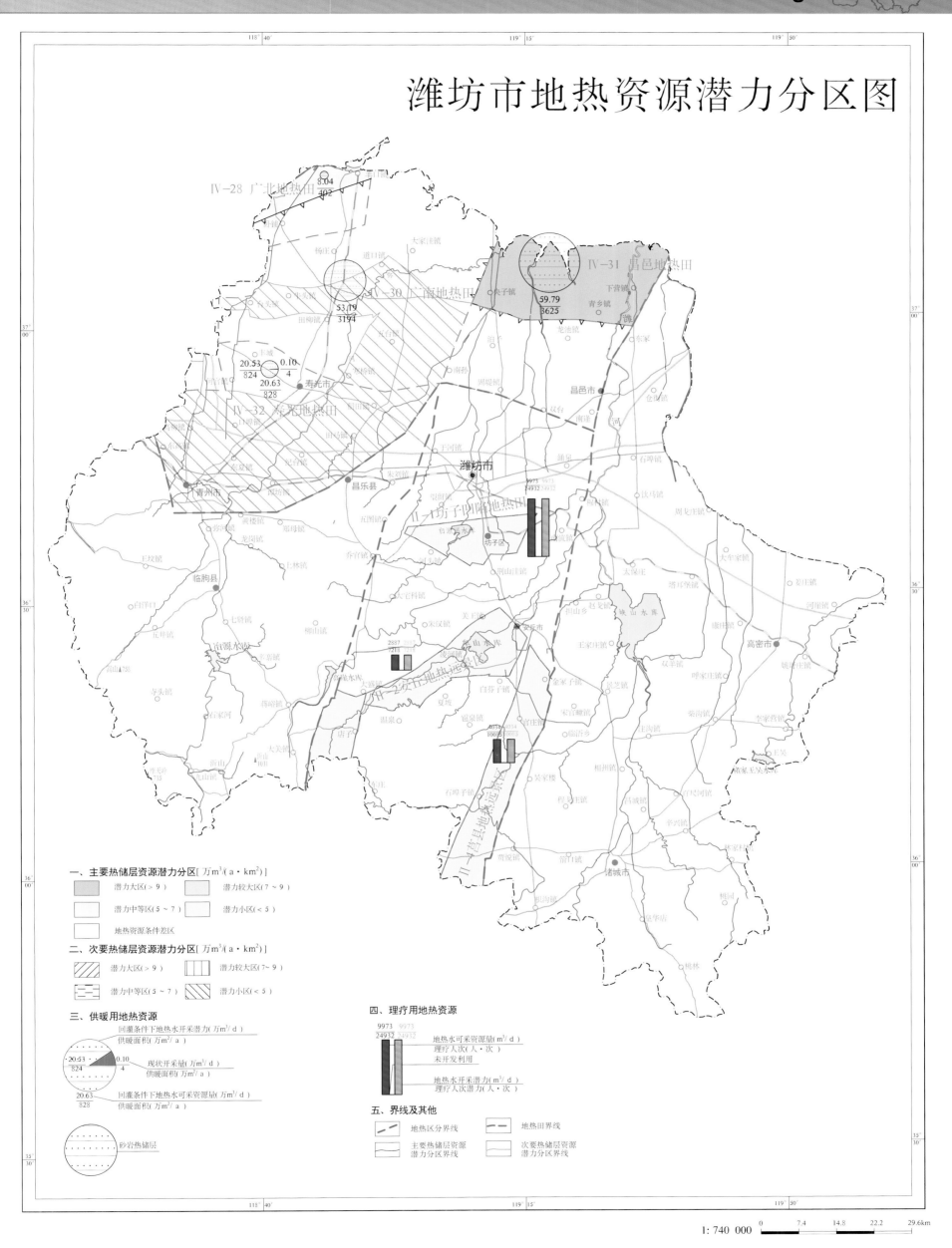

一、主要热储层资源潜力分区 [万m³/(a·km²)]

- 潜力大区(＞9)
- 潜力较大区(7～9)
- 潜力中等区(5～7)
- 潜力小区(＜5)
- 地热资源条件差区

二、次要热储层资源潜力分区 [万m³/(a·km²)]

- 潜力大区(＞9)
- 潜力较大区(7～9)
- 潜力中等区(5～7)
- 潜力小区(＜5)

三、供暖用地热资源

回灌条件下地热水开采潜力(万m³/d)
供暖面积(万m²/a)

现状开采量(万m³/d)
供暖面积(万m²/a)

回灌条件下地热水可采资源量(万m³/d)
供暖面积(万m²/a)

砂岩热储层

四、理疗用地热资源

地热水可采资源量(m³/d)
理疗人次(人·次)
未开发利用

地热水开采潜力(m³/d)
理疗人次潜力(人·次)

五、界线及其他

- 地热区分界线
- 地热田界线
- 主要热储层资源潜力分区界线
- 次要热储层资源潜力分区界线

1：740 000   0 7.4 14.8 22.2 29.6km

49

济宁市地热地质条件及采灌均衡资源评价

一、地热地质条件

济宁市地处鲁西平原与鲁中山区交接地带，东邻临沂地区，西与菏泽接壤，是东夷文化、华夏文明、儒家文化、水浒文化、运河文化的重要发祥地之一。地热田受孙氏店断裂、嘉祥断裂、峄山断裂控制，以寒武－奥陶纪碳酸盐岩裂隙岩溶层状热储为主，主要分布于汶泗凹陷、济宁潜凹陷内。地热田成矿模式属于弱开放－对流传导－带状层状型。

汶泗凹陷内寒武－奥陶纪碳酸盐岩裂隙岩溶层状热储埋藏深度大，热储层温度 40℃，单井涌水量小于 41.67 m^3/h（<1000 m^3/d）；济宁潜凹陷内寒武－奥陶纪碳酸盐岩裂隙岩溶层状热储埋藏于石炭－二叠系之下，岩性以石灰岩、白云岩为主，顶板埋深 800～1400 m。

济宁潜凹陷热储层顶板埋深 300～700 m，井口出水温度 30～45 ℃，单井涌水量 125～208.33 m^3/h（3000～5000 m^3/d），水化学类型为 $SO_4·HCO_3$-Na 型和 HCO_3-Na 型水。

二、开发利用现状

济宁市地热资源的开发利用起步较晚，利用程度较低。目前全市范围内仅 4 眼地热井，2 眼位于济宁市城区，1 眼位于颜店镇，1 眼位于梁山县马营镇，暂未开发利用。其中，济宁市城区的宁热 1 地热井位于南环路与火炬路交叉处，井深 1302.16 m，单井涌水量 35.00 m^3/h（840.00 m^3/d），地热水水化学类型为 SO_4-Ca 型，矿化度 3.85 g/L，井口出水温度 43℃；城区的另 1 眼地热井位于市中区古槐路人文嘉园小区内，井深 1169.88 m，单井涌水量 79.30 m^3/h（1903.20 m^3/d），地热水水化学类型为 SO_4-Ca 型，矿化度 3.16 g/L，井口出水温度 40℃。

三、地热资源潜力

济宁市自然条件下供暖期地热水可采资源量为 144.45 万 m^3/d，折合标准煤 116.17 万 t/a，可供暖面积 5622 万 m^2/a。

按照"取热不取水"的采灌均衡开采模式，回灌条件下供暖期地热水可采资源量为 261.77 万 m^3/d，折合标准煤 210.59 万 t/a，可供暖面积 10192 万 m^2/a。

回灌条件下供暖期地热水开采潜力资源量为 261.77 万 m^3/d，折合标准煤 210.59 万 t/a，可供暖面积 10192 万 m^2/a。详见图 12、表 17。

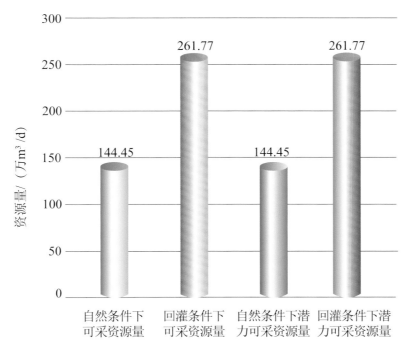

图 12 济宁市供暖期地热资源量及开采潜力柱状图

表 17 济宁市供暖期地热资源量－开采现状－开采潜力一览表

序号	地热田编号及名称	自然条件下供暖期地热水可采资源量			回灌条件下供暖期地热水可采资源量			开采现状			回灌条件下供暖期地热水开采潜力		
		地热水量	热能量	供暖面积	地热水量	热能量	供暖面积	地热水量	热能量	供暖面积	地热水量	热能量	供暖面积
1	III-26 汶上－宁阳地热远景区	3.77	2.97	144	51.23	40.36	1953	0	0	0	51.23	40.36	1953
2	III-27 曲阜地热田	23.59	14.82	717	32.51	20.41	988	0	0	0	32.51	20.41	988
3	III-28 济宁地热田	54.57	44.10	2134	86.65	70.03	3389	0	0	0	86.65	70.03	3389
4	III-29 金乡－鱼台地热远景区（济宁段）	37.43	42.79	2071	55.33	63.29	3063	0	0	0	55.33	63.29	3063
5	III-32 泗水地热远景区	25.09	11.49	556	36.05	16.50	799	0	0	0	36.05	16.50	799
	合计	144.45	116.17	5622	261.77	210.59	10192	0	0	0	261.77	210.59	10192

注：地热水量单位为万 m^3/d；热能量（折合标准煤）单位为万 t/a；供暖面积单位为万 m^2/a。

济宁市地热地质图

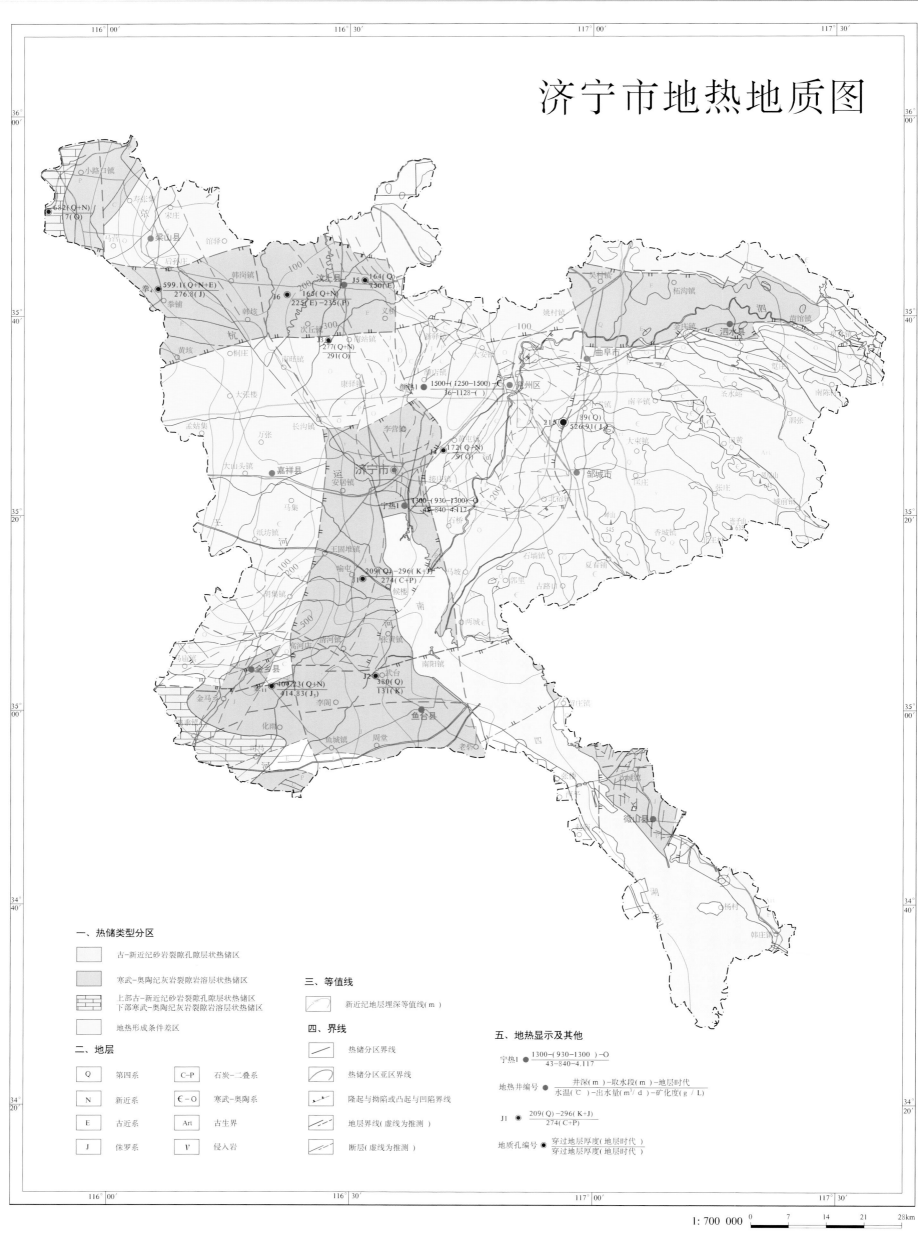

一、热储类型分区

古-新近纪砂岩裂隙孔隙层状热储区

寒武-奥陶纪灰岩裂隙岩溶层状热储区

三、等值线

上部古-新近纪砂岩裂隙孔隙层状热储区
下部寒武-奥陶纪灰岩裂隙岩溶层状热储区

地热形成条件差区

新近纪地层埋深等值线(m)

四、界线

二、地层

Q	第四系	C-P	石炭-二叠系
N	新近系	Є-O	寒武-奥陶系
E	古近系	Art	古生界
J	侏罗系	ν	侵入岩

热储分区界线

热储分区亚区界线

隆起与拗起或凸起与凹陷界线

地层界线(虚线为推测)

断层(虚线为推测)

五、地热显示及其他

宁热1 ● $\dfrac{1300-(930-1300)-O}{43-840-4.117}$

地热井编号 ● $\dfrac{井深(m)-取水段(m)-地层时代}{水温(℃)-出水量(m^3/d)-矿化度(g/L)}$

J1 ● $\dfrac{209(Q)-296(K+J)}{274(C+P)}$

地质孔编号 ● $\dfrac{穿过地层厚度(地层时代)}{穿过地层厚度(地层时代)}$

1:700 000

济宁市地热资源潜力分区图

一、主要热储层资源潜力分区 [万m³/(a·km²)]

潜力大区(>9)

潜力较大区(7~9)

潜力中等区(5~7)

潜力小区(<5)

地热资源条件差区

二、供暖用地热资源

岩溶热储层

$\frac{86.65}{3389}$ 回灌条件下地热水可采资源量(万m³/d) / 供暖面积(万m²/a)

三、界线及其他

地热田界线

主要热储层资源潜力分区界线

1:700 000   0   7   14   21   28km

泰安市地热地质条件及采灌均衡资源评价

一、 地热地质条件

泰安市位于鲁中南山区、泰山脚下，北依省会济南。泰山是联合国教科文组织命名的自然与文化双遗产，有"五岳独尊"之美誉。泰安地热资源量丰富，富含对人体有益的微量元素，具有极高的理疗价值。已探明的地热资源主要分布于城区岱道庵村、城区东南汶河以南的桥沟村一带及肥城安驾庄镇。泰安市以寒武－奥陶纪碳酸盐岩裂隙岩溶层状热储层为主，其次为花岗岩基岩裂隙热储。

岱道庵地热田：热储层为张夏组鲕状灰岩和朱砂洞组含燧石结核白云岩，热储埋深 150～300 m，厚度 50 m。井口出水温度 29～42 ℃，热储温度 37～52.2 ℃，水化学类型为 HCO_3-Ca 或 $HCO_3 \cdot SO_4$-Ca·Mg 型，矿化度为 0.36～0.65 g/L。

桥沟地热田：热储岩性以花岗闪长岩为主。埋深 47.5 m。井口出水温度 36～51 ℃，水化学类型为 SO_4-Na·Ca 型，矿化度 0.80 g/L，地热水中富含氟和偏硅酸及其他对人体健康有益的微量元素，具有较高的理疗价值。

安驾庄地热田：热储层为隐伏于寒武纪长清群馒头组之下的朱砂洞组，岩性主要为白云岩、白云质灰岩和泥灰岩。肥G35地热井，井深 149 m，井口出水温度 57℃。肥ZK1地热井，井深 340.45 m，井口出水温度 61℃，热储温度 72.6℃，单井涌水量 98.03 m³/h（2352.72 m³/d），水化学类型为 $SO_4 \cdot Cl$-Na·Ca 型，矿化度 1.81 g/L，偏硅酸含量 55.25～73.13 mg/L，氟含量 2.40～4.50 mg/L，均达到理疗热矿水命名矿水浓度标准，偏硼酸含量达到有医疗价值浓度标准。

二、 开发利用情况

目前，岱道庵、桥沟、安驾庄地热田均已开发利用，开采量 9118 m³/d。

岱道庵地热田地热资源主要用于矿泉水开采；桥沟地热田地热资源用于渔业养殖及理疗，建有泰山温泉城；安驾庄地热田地热资源主要用于理疗，建有安驾庄温泉度假村。

三、 地热资源潜力

泰安市自然条件下地热水可采资源总量为 57373 m³/d，折合标准煤 11.49 万 t/a，可接待理疗人次 14.34 万人·次。

目前开采现状下地热水资源利用量为 9118 m³/d，折合标准煤 2.28 万 t/a，可接待理疗人次 2.28 万人·次。

地热水开采潜力资源量为 48254 m³/d，折合标准煤 9.20 万 t/a，潜力接待理疗人次 12.06 万人·次。详见图 13、表 18。

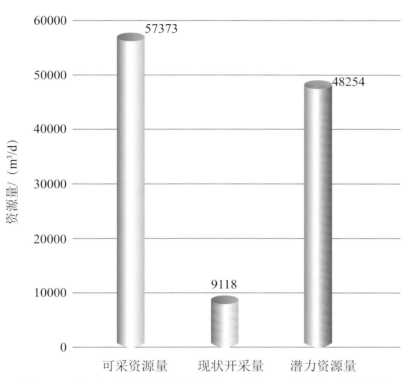

图 13 泰安市地热资源量及其开采潜力柱状图

表 18 泰安市地热资源量－开采现状－开采潜力一览表

序号	地热田编号及名称	可采资源量			开采现状			潜力资源量		
		地热水量	热能量	理疗人次	地热水量	热能量	理疗人次	地热水量	热能量	理疗人次
1	III-10 肥城安驾庄地热田	3877	9096	9692	1000	2346	2500	2877	6750	7192
2	III-11 泰安地热田	20501	38548	51254	8118	20460	20296	12383	18088	30958
3	III-13 汶口地热田	18807	45031	47017	0	0	0	18807	45031	47017
4	III-14 蒙阴凹陷地热远景区	14188	22194	35469	0	0	0	14188	22194	35469
	合计	57373	114869	143432	9118	22806	22796	48255	92063	120636

注：地热水量单位为 m³/d；热能量（折合标准煤）单位为 t/a；理疗人次单位为人·次。

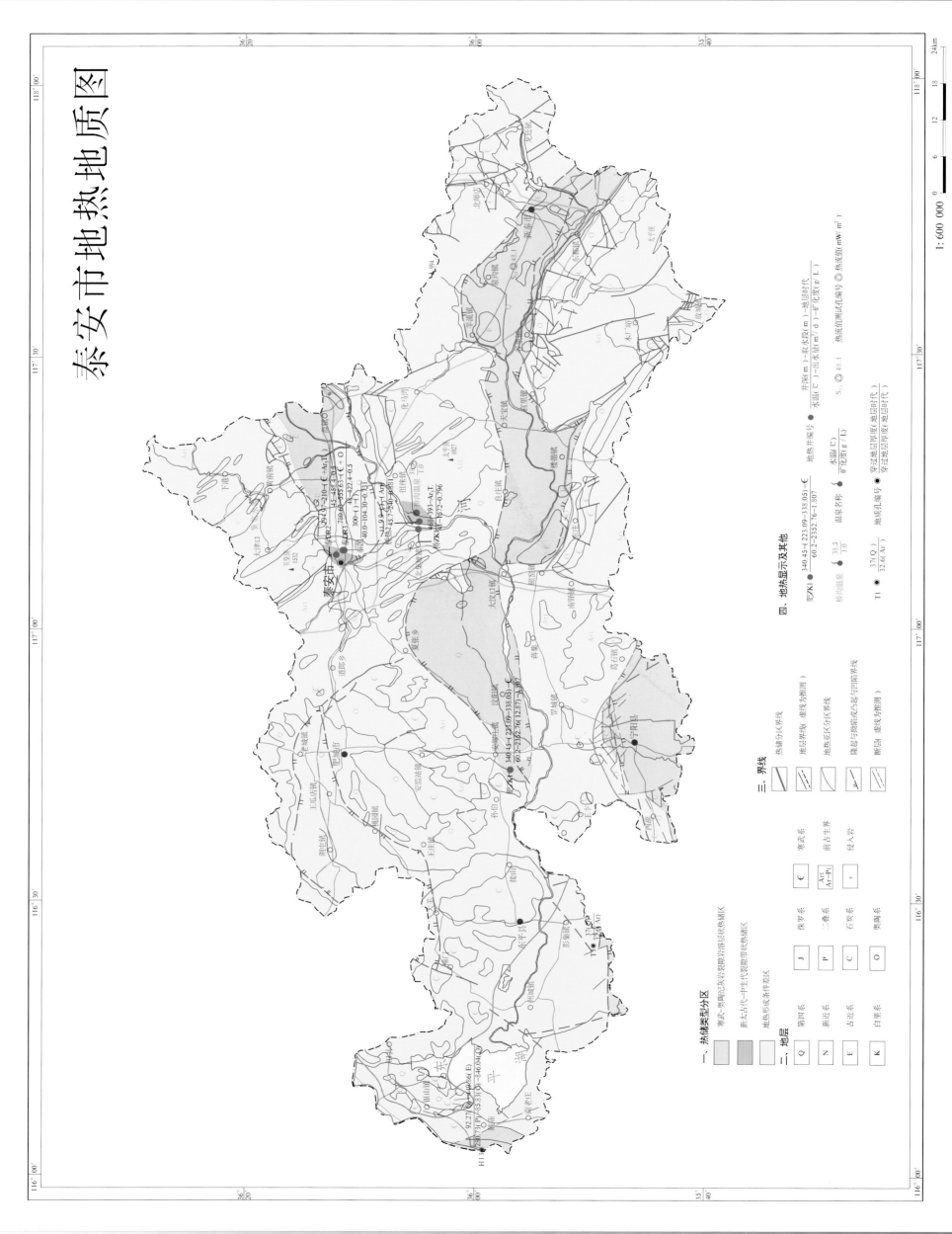

泰安市地热地质图

1:600 000

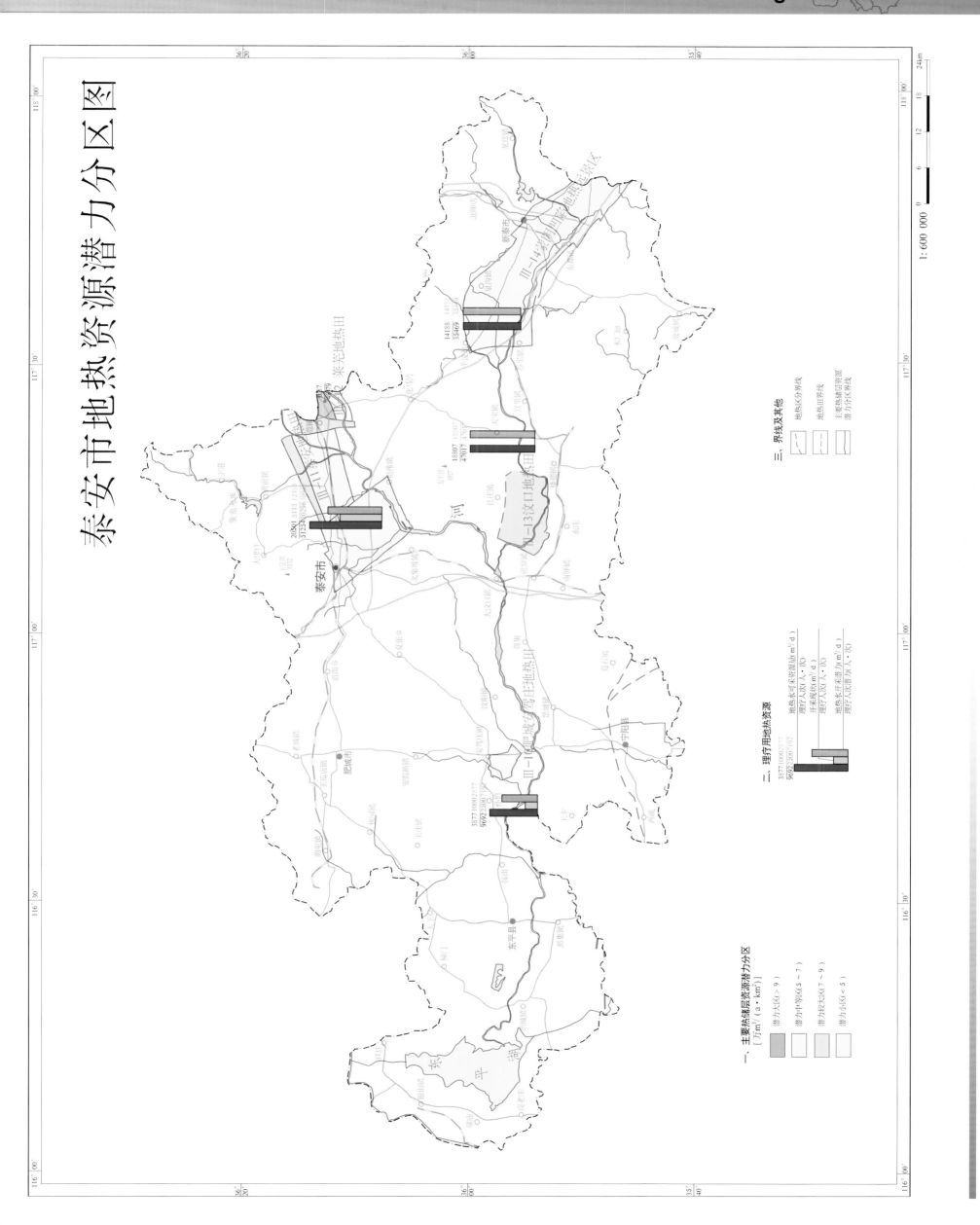

泰安市地热资源潜力分区图

一、主要热储层资源潜力分区
[万m³/（a·km²）]

潜力大区(x > 9)

潜力中等区(5～7)

潜力较大区(7～9)

潜力小区(x < 5)

二、理疗用地热资源

3877（0000237）
9692 2500 1102

地热水可采资源量[万 m³/ d]
理疗人次现状(人·次)
开采现状[万 m³/ d]
地热水可采潜力[万 m³/ d]
理疗人次潜力[人·次]

三、界线及其他

地热区分界线

地热田界线

主要热储层资源
潜力分区界线

1:600 000

0   6   12   18   24km

威海市地热地质条件及采灌均衡资源评价

一、地热地质条件

威海市位于山东半岛东端,北、东、南三面濒邻黄海,属于胶南－威海隆起区。中、新生代特别是燕山期地壳活动剧烈,形成一系列北东、北北东及北西向断裂。北东、北北东向断裂多为压扭性导热断裂,北西向断裂多为张性导水断裂,这些断裂为地下水的运移、加热、上涌提供了良好的通道。地热资源主要赋存于北东、北北东向导热断裂和北西向导水断裂交汇处,地热田成矿模式属开放－对流－腔管状型。

威海市出露有天然温泉地热田9处,是胶东地区天然温泉分布最多的城市,水温高、水量丰富,富含多种对人体有益的微量元素,分别介绍如下:

宝泉汤地热田位于环翠区区政府附近,热储岩性为二长花岗岩,目前井口出水温度67℃;历史天然温泉自流量39.60 m³/h(950.40 m³/d)、水温79℃;水化学类型为 Cl-Na 型,矿化度为5.66 g/L;地热水中氟含量2.39 mg/L,偏硅酸含量116.5 mg/L,锶含量20.4 mg/L,达到命名矿水浓度。

温泉汤地热田位于环翠区温泉镇,热储岩性为二长花岗岩,目前井口出水温度58℃;历史天然温泉自流量9.00 m³/h(216.00 m³/d),水温54℃;水化学类型为 Cl-Na 型,矿化度为1.22 g/L;地热水中氟含量3.80 mg/L,偏硅酸含量111.20 mg/L,达到命名矿水浓度。

洪水岚汤地热田位于文登市草庙子镇,热储岩性为二长花岗岩,目前井口出水温度71℃;历史天然温泉自流量7.2 m³/h(172.80 m³/d),水温71.3℃;水化学类型为 $HCO_3 \cdot SO_4$-Na 型,矿化度为0.83 g/L;地热水中氟含量5.23 mg/L,偏硅酸含量136.50 mg/L,达到命名矿水浓度。

七里汤地热田位于文登市区西南七里汤村,热储岩性为二长花岗岩,目前井口出水温度66℃;历史天然温泉自流量41.40 m³/h(993.60 m³/d),水温77℃;水化学类型为 $SO_4 \cdot HCO_3$-Na 型,矿化度为0.74 g/L;地热水中氟含量8.92 mg/L,偏硅酸含量136.50 mg/L,达到命名矿水浓度。

呼雷汤地热田位于文登市高村镇北,热储岩性为二长花岗岩,目前井口出水温度60℃;历史天然温泉自流量1.79 m³/h(42.96 m³/d),水温68℃;水化学类型为 $SO_4 \cdot Cl$-Na 型,矿化度为1.01 g/L;地热水中氟含量5.89 mg/L,偏硅酸含量141.00 mg/L,达到命名矿水浓度。

汤村汤地热田位于文登市张家产镇南汤村店子村,热储岩性为二长花岗岩,目前井口出水温度51℃,历史天然温泉自流量6.83 m³/h(163.92 m³/d),水温50℃;水化学类型为 Cl-Na·Ca 型,矿化度为5.74 g/L;地热水中氟含量1.52 mg/L,

达到矿水浓度；偏硅酸含量 71.30 mg/L，锶含量为 32.50 mg/L，达到命名矿水浓度。

　　大英汤地热田位于文登市葛家镇大英汤村，热储岩性为二长花岗岩，目前井口出水温度 62℃，历史天然温泉自流量 1.79 m³/h（42.96 m³/d），水温 72.1℃；水化学类型为 Cl-Na·Ca 型，矿化度为 1.76 g/L；地热水中氟含量 2.51 mg/L，偏硅酸含量 76.40 mg/L，达到命名矿水浓度。

　　小汤地热田位于乳山市冯家镇小汤村，热储岩性为二长花岗岩，目前井口出水温度 56℃，历史天然温泉自流量 2.45 m³/h（58.80 m³/d），水温 54.7℃；水化学类型为 Cl-Na·Ca 型，矿化度为 2.51 g/L；地热水中氟含量 1.90 mg/L，达到矿水浓度；偏硅酸含量 78.80 mg/L，达到命名矿水浓度。

　　兴村汤地热田位于乳山市崖子镇兴村，热储岩性为花岗岩，目前井口出水温度 28℃，历史天然温泉自流量 6.50 m³/h（156.00 m³/d），水温 29.5℃；水化学类型为 SO₄·Cl-Na 型，矿化度为 0.56 g/L；地热水中氟含量 10.95 mg/L，偏硅酸含量 82.90 mg/L，达到命名矿水浓度。

二、开发利用现状

　　威海市地热资源丰富，现有天然温泉地热田 9 处，开采井 38 眼，年开采量 332.2 万 m³。

　　环翠区宝泉汤、温泉汤，文登洪水岚汤、汤村汤，乳山小汤地热田开发利用程度较高，建有多处温泉度假村，以理疗为主，少数用于供暖、养殖；文登七里汤、大英汤、呼雷汤地热田开发利用程度较低；乳山兴村汤地热田尚未开发利用。

三、地热资源潜力

　　威海市自然条件下地热水可采资源量为 17903 m³/d，折合标准煤 7.09 万 t/a，可接待理疗人次 4.48 万人·次。

　　目前地热水开采量为 9100 m³/d，折合标准煤 3.79 万 t/a，接待理疗人次 2.28 万人·次。

　　地热水开采潜力资源量为 8803 m³/d，折合标准煤 3.31 万 t/a，潜力接待理疗人次 2.20 万人·次。详见图 14、表 19。

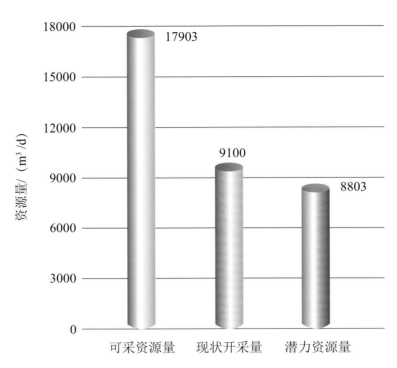

图 14 威海市理疗用地热资源量及其开采潜力柱状图

表 19 威海市地热资源量－开采现状－开采潜力一览表

序号	地热田编号及名称	可采资源量			开采现状			潜力资源量		
		地热水量	热能量	理疗人次	地热水量	热能量	理疗人次	地热水量	热能量	理疗人次
1	I-1 威海宝泉汤	1822	8290	4556	1800	8188	4500	22	102	56
2	I-2 威海温泉汤	3079	12123	7697	1800	7088	4500	1279	5035	3197
3	I-3 文登洪水岚汤	1325	6439	3312	1300	6318	3250	25	121	62
4	I-4 文登七里汤	1360	6327	3399	1000	4653	2500	360	1674	899
5	I-5 文登呼雷汤	2203	8795	5506	0	0	0	2203	8795	5506
6	I-6 文登汤村汤	4289	13827	10722	1200	3869	3000	3089	9958	7722
7	I-7 文登大英汤	2318	9594	5796	800	3311	2000	1518	6283	3796
8	I-8 乳山小汤	1507	5475	3769	1200	4358	3000	307	1117	769
	合计	17903	70870	44757	9100	37785	22750	8803	33085	22007

注：地热水量单位为 m³/d；热能量（折合标准煤）单位为 t/a；理疗人次单位为人·次。

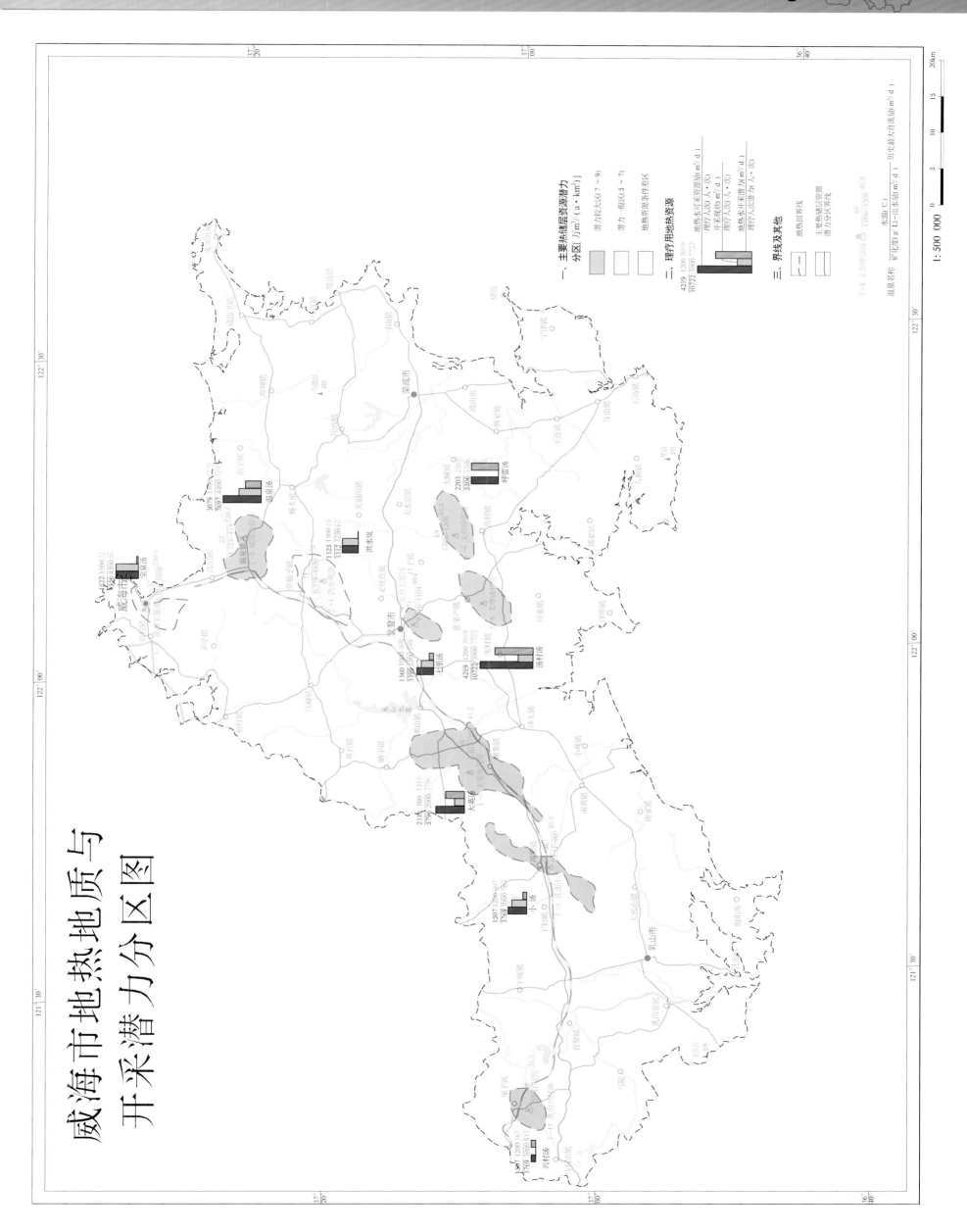

威海市地热地质与开采潜力分区图

1:500 000

日照市地热地质条件及采灌均衡资源评价

一、地热地质条件

日照市地处黄海之滨、山东半岛东南侧翼。地质构造上属于苏鲁造山带－胶南隆起，位于沂沭断裂带影响带及其以东地区。目前发现了管帅、松柏两处地热田；根据地热地质条件确定莒县为具开采潜力的地热远景区。

管帅地热田位于五莲县管帅镇，热储呈条带状分布，热储岩性为白垩纪王氏群、大盛群砂砾岩，地热水属构造裂隙脉状承压水，井口出水温度56℃，单井涌水量126.00 m³/h（3024.00 m³/d），水化学类型为SO_4-Na型，矿化度为5.00 g/L，地热水中氟含量3.56 mg/L，达到命名矿水浓度；偏硅酸含量33.90 mg/L，达到矿水浓度。

松柏地热田位于五莲县松柏镇，热储岩性为二长花岗岩，井口出水温度75℃，单井涌水量110.24 m³/h（2645.76 m³/d），水化学类型为$SO_4 \cdot Cl$-Na型，矿化度为1.26 g/L，地热水中氟含量7.50 mg/L，偏硅酸含量145.73 mg/L，达到命名矿水浓度。

莒县地热远景区位于莒县凹陷内，昌邑－大店与安丘－莒县断裂沟通了地壳深部热源，凹陷两侧的潜凸起区为地热水补给区。构造交汇部位及其影响带裂隙发育，为地热水深循环提供了良好通道。热储层岩性以白垩纪砂岩为主，厚度150～250 m。

二、开发利用现状

日照市现有地热井2眼，仅管帅1眼开采，年开采量14.60万 m³。建有温泉度假村1处，主要用于理疗。

三、地热资源潜力

日照市自然条件下地热水可采资源量为11729 m³/d，折合标准煤4.15万 t/a，可接待理疗人次2.93万人·次。

目前地热水开采量为400 m³/d，折合标准煤0.14万 t/a，接待理疗人次0.10万人·次。

地热水开采潜力资源量为11329 m³/d，折合标准煤4.00万 t/a，潜力接待理疗人次2.83万人·次。详见图15、表20。

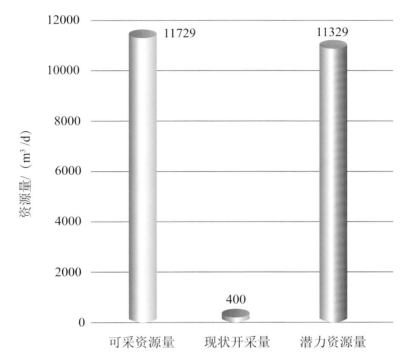

图15 日照市地热资源量及其开采潜力柱状图

表20 日照市地热资源量-开采现状-开采潜力一览表

序号	地热田编号及名称	可采资源量			开采现状			潜力资源量		
		地热水量	热能量	理疗人次	地热水量	热能量	理疗人次	地热水量	热能量	理疗人次
1	II-4 莒县地热远景区	6249	17866	15622	0	0	0	6249	17866	15622
2	II-8 管帅地热田	3024	10773	7559	400	1425	1000	2624	9348	6559
3	II-9 松柏地热田	2457	12812	6143	0	0	0	2457	12812	6143
	合计	11729	41452	29324	400	1425	1000	11329	40027	28324

注：地热水量单位为 m³/d；热能量（折合标准煤）单位为 t/a；理疗人次单位为人·次。

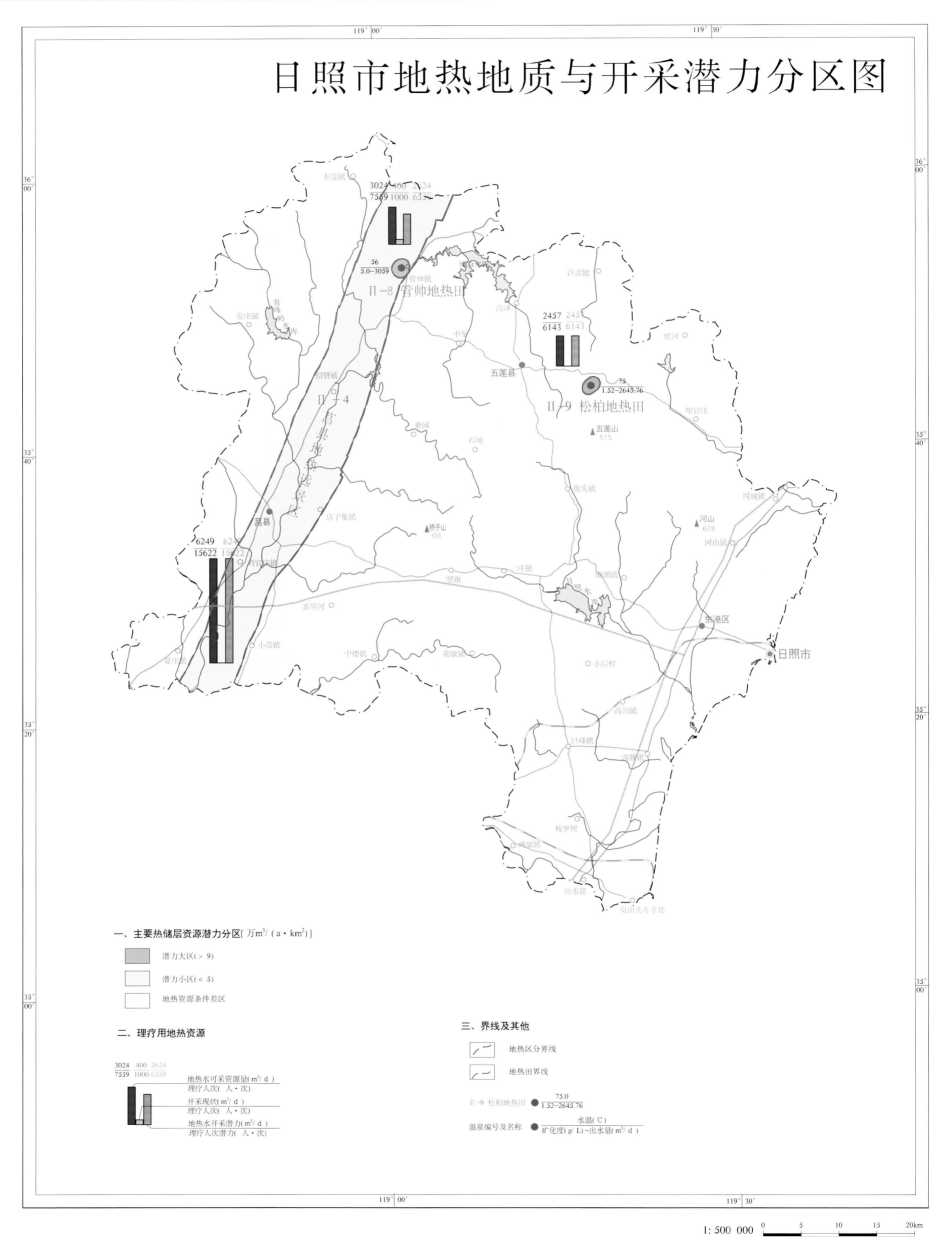

日照市地热地质与开采潜力分区图

一、主要热储层资源潜力分区 [万m³/ (a·km²)]

潜力大区 (> 9)

潜力小区 (< 5)

地热资源条件差区

二、理疗用地热资源

3024	400	2624	
7559	1000	6559	

地热水可采资源量 (m³/ d)
理疗人次 (人·次)
开采现状 (m³/ d)
理疗人次 (人·次)
地热水开采潜力 (m³/ d)
理疗人次潜力 (人·次)

三、界线及其他

地热区分界线

地热田界线

Ⅱ-9 松柏地热田 ● 75.0 / 1.52-2645.76

温泉编号及名称   水温 (℃)
矿化度 (g/ L)-出水量 (m³/ d)

1: 500 000   0   5   10   15   20km

莱芜市地热地质条件及采灌均衡资源评价

一、地热地质条件

莱芜市位于鲁中南山区，泰山东麓。莱芜市热储以寒武－奥陶纪碳酸盐岩裂隙岩溶层状热储层为主，其次为花岗岩基岩裂隙热储。本次划分出一个地热田，即莱芜地热田。泰莱盆地南部丘陵区降水入渗转化为奥灰地下水，顺地层倾向，向北部地下深处进行深循环，是地热水的主要水源。地热田成矿模式属弱开放－对流传导－带状层状型。

莱芜地热田：热储岩性主要为奥陶纪碳酸盐岩，岩溶裂隙较发育，具备较好的储水空间，构成岩溶裂隙型层状热储。主要分布于泰莱凹陷东段，热储的总体分布规律为南浅北深，埋藏深度 400～4400 m。据莱 DR1 地热井资料，井口出水温度 82.3℃，单井涌水量 44.33 m³/h（1064 m³/d），水化学类型为 SO_4-Na·Ca 型，矿化度 3.08 g/L，地热水中氟、锶、偏硅酸含量达到命名矿水浓度，具有较高的理疗价值。

二、开发利用现状

莱芜市地热资源利用情况较单一，截至目前莱芜地热田内有地热井 1 眼（莱DR1 井），位于莱城区杨庄镇冷家庄村南，莱 DR1 地热井揭露奥陶纪灰岩热储顶板埋深为 2170 m，热储的平均裂隙率为 5%，涌水量为 1064.1 m³/d（降深198.4 m），单位涌水量为 5.36 m³/（d·m），属弱富水性。热储层的平均温度为83.79 ℃，井口出水温度 82.3℃。水化学类型为 SO_4-Na·Ca 型，矿化度 3.08 g/L，该井尚未开发利用。在棋山温泉小镇只有少量地热开采。2018 年 5 月，在雪野湖畔小西岭村、文祖断裂南端施工一眼地热井，热储层为花岗岩带状热储；井深 1607 m，孔底温度 49 ℃；水化学类型为 HCO_3-Na 型，矿化度为 260.5 mg/L；氡含量为 379734 mBq/L，达到命名矿水浓度，具有较高的医疗价值。该区将带动整个莱芜市地热资源的开发和利用。

三、地热资源潜力

莱芜市自然条件下供暖期地热水可采资源量为 7.80 万 m³/d，折合标准煤 8.88万 t/a，可供暖面积 430 万 m²/a。

目前莱芜市地热水暂未开发利用，莱芜市地热水具有很大的开采潜力。

按照"取热不取水"的采灌均衡开采模式，回灌条件下地热水可采资源

量为 13.32 万 m³/d，折合标准煤 15.76 万 t/a，可供暖面积 764 万 m²/a。详见图 16、表 21。

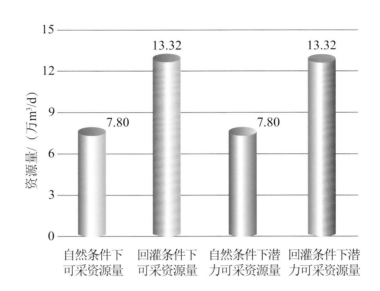

图 16 莱芜市供暖期地热资源量及其开采潜力柱状图

表 21 莱芜市供暖期地热资源量－开采现状－开采潜力一览表

序号	地热田编号及名称	自然条件下供暖期地热水可开采资源量			回灌条件下地热水可开采资源量			开采现状			回灌条件下供暖期地热水开采潜力		
		地热水量	热能量	供暖面积	地热水量	热能量	供暖面积	地热水量	热能量	供暖面积	地热水量	热能量	供暖面积
1	III-12 莱芜地热田	7.80	8.88	430	13.32	15.76	764	0	0	0	13.32	15.76	764

注：地热水量单位为万 m³/d；热能量（折合标准煤）单位为万 t/a；供暖面积单位为万 m²/a。

莱芜市地热地质图

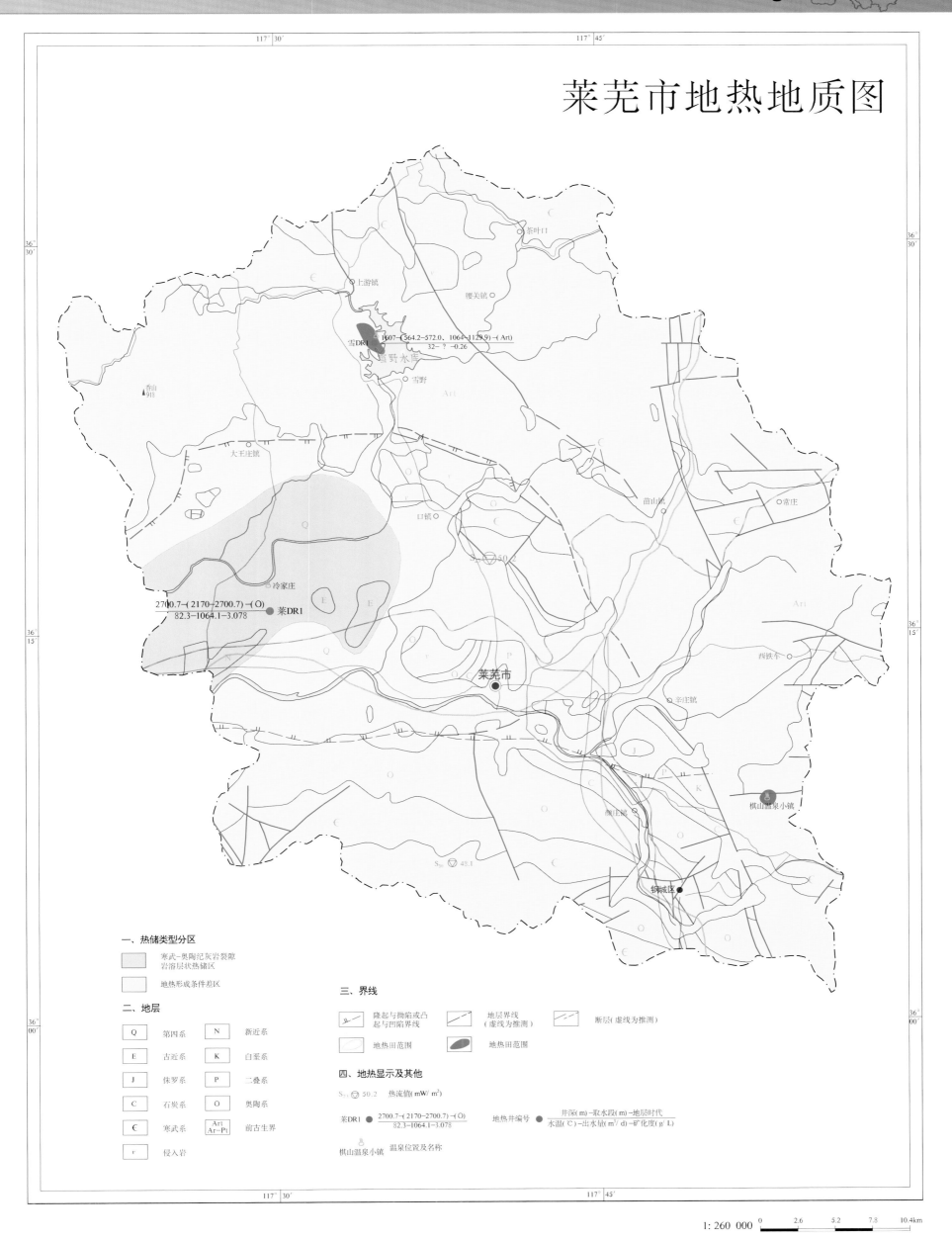

一、热储类型分区

寒武-奥陶纪灰岩裂隙
岩溶层状热储区

地热形成条件差区

二、地层

| Q | 第四系 | N | 新近系 |

| E | 古近系 | K | 白垩系 |

| J | 侏罗系 | P | 二叠系 |

| C | 石炭系 | O | 奥陶系 |

| Є | 寒武系 | Ar1
Ar-Pt | 前古生界 |

| v | 侵入岩 | | |

三、界线

隆起与拗陷或凸
起与凹陷界线

地层界线
(虚线为推测)

断层 (虚线为推测)

地热田范围

地热田范围

四、地热显示及其他

S₇₇ ▽ 50.2   热流值(mW/ m²)

莱DR1 ● $\dfrac{2700.7-(2170-2700.7)-(O)}{82.3-1064.1-3.078}$ 地热井编号 $\dfrac{井深(m)-取水段(m)-地层时代}{水温(C)-出水量(m³/ d)-矿化度(g/ L)}$

棋山温泉小镇   温泉位置及名称

1 : 260 000   0   2.6   5.2   7.8   10.4km

莱芜市地热资源潜力分区图

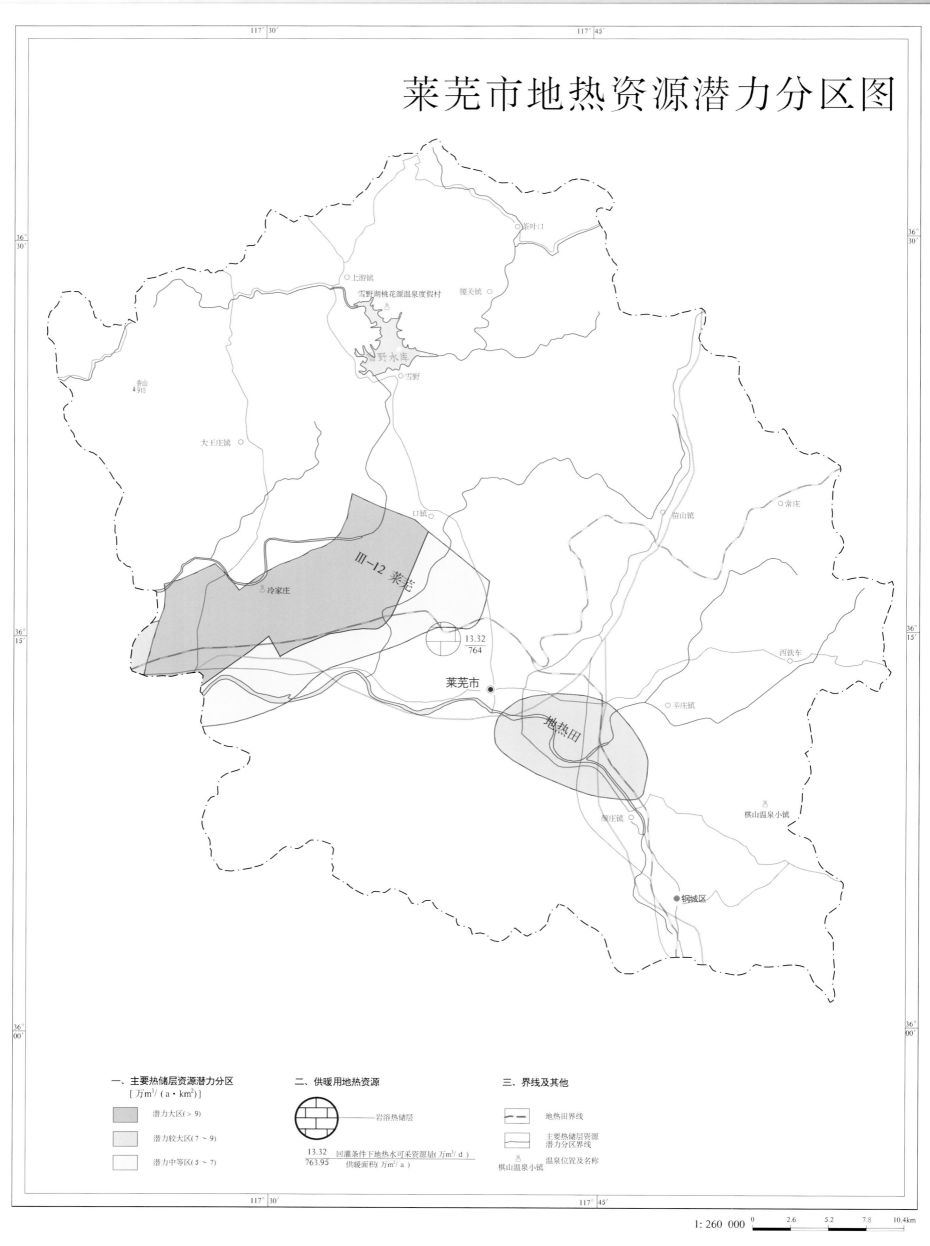

一、主要热储层资源潜力分区
　　[万m³/(a·km²)]

潜力大区(>9)

潜力较大区(7～9)

潜力中等区(5～7)

二、供暖用地热资源

岩溶热储层

13.32 ── 回灌条件下地热水可采资源量(万m³/d)
763.95 ── 供暖面积(万m²/a)

三、界线及其他

地热田界线

主要热储层资源
潜力分区界线

棋山温泉小镇 ── 温泉位置及名称

1:260 000　0　2.6　5.2　7.8　10.4km

临沂市地热地质条件及采灌均衡资源评价

一、地热地质条件

临沂市位于山东省中南部，地处长三角经济圈与环渤海经济圈结合点。温泉开发历史悠久，文化灿烂、闻名遐迩的汤头温泉开发历史长达 2600 余年，是我国最早的四大天然甲级温泉之一。2008 年被中国矿业联合会授予"中国地热城"称号，2011 年被国土资源部授予"中国温泉之城"称号。临沂市地热资源以寒武－奥陶纪碳酸盐岩裂隙岩溶层状热储和岩浆岩、变质岩基岩裂隙热储为主；地热田成矿模式分别属于弱开放－对流传导－带状层状型和开放－对流－腔管状型。

（一）寒武－奥陶纪碳酸盐岩裂隙岩溶层状热储

主要分布在临沂城北、郯城县西部，地热水赋存于古生代寒武－奥陶纪碳酸盐岩裂隙岩溶层状热储，热储顶板埋深 1018 ~ 1306 m。根据地热井资料，井口出水温度 45 ~ 53.5℃，局部达 80℃（智圣 2 地热井），水化学类型为 Cl-Na、Cl·SO$_4$-Na、SO$_4$·HCO$_3$-Ca·Na 型，矿化度 2.5 ~ 8.8 g/L。地热水富含氟、偏硅酸、偏硼酸、锶等多种对人体有益的微量元素或组分，具有较高的理疗价值。

（二）岩浆岩、变质岩基岩裂隙热储

主要分布在沂沭断裂带内，地热水赋存于岩浆岩、变质岩基岩裂隙热储。根据地热井资料，井口出水温度 30.5 ~ 51.0℃，单井涌水量 4.46 ~ 95 m^3/h（107 ~ 2280 m^3/d），水化学类型种类较多，矿化度 0.5 ~ 4.3 g/L，热水除以氟、偏硅酸含量高为主要特征外，还含有锂、锶、偏硼酸等多种微量元素，具有较高的理疗和保健价值。

二、开发利用现状

临沂市现有地热显示点 38 处，其中地热井 36 眼，天然温泉 2 处（分别为汤头温泉和汪家坡温泉）。区内共建有河东汤头、沂南铜井、沂南松山、沂水许家湖地热温泉开发示范区 4 个，主要用于理疗洗浴。

三、地热资源潜力

临沂市自然条件下地热水可采资源总量为 93491 m^3/d，折合标准煤 25.72 万 t/a，可接待理疗人次 23.37 万人·次。

目前开采现状下地热水资源利用量为 4400 m^3/d，折合标准煤 1.42 万 t/a，可接待理疗人次 1.10 万人·次。

地热水开采潜力资源量为 89091 m^3/d，折合标准煤 24.30 万 t，潜力接待理疗人次为 22.27 万人·次。详见图 17、表 22。

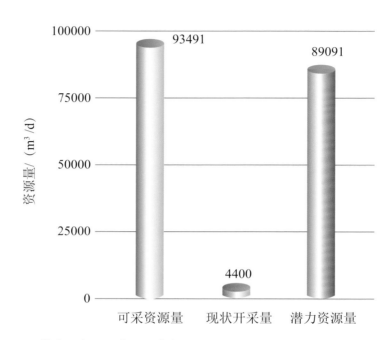

图 17 临沂市理疗用地热资源量及其开采潜力柱状图

表 22 临沂市理疗用地热资源量–开采现状–开采潜力一览表

序号	地热田编号及名称	可采资源量			开采现状			潜力资源量		
		地热水量	热能量	理疗人次	地热水量	热能量	理疗人次	地热水量	热能量	理疗人次
1	II-3 马站地热田	2368	3343	5921	800	1133	2000	1568	2210	3921
2	II-4 莒县地热远景区	1982	5668	4956	0	0	0	1982	5668	4956
3	II-5 汤头地热田	3629	10487	9071	1600	4033	4000	2029	6454	5071
4	II-6 临沂东地热远景区	15953	31888	39883	0	0	0	15953	31888	39883
5	II-7 郯城地热田	35963	117201	89908	0	0	0	35963	117201	89908
6	III-14 蒙阴凹陷地热远景区	6330	9902	15826	0	0	0	6330	9902	15826
7	III-17 平邑地热远景区	11316	19078	28290	0	0	0	11316	19078	28290
8	III-18 临沂地热田	8978	28087	22446	0	0	0	8978	28087	22446
9	III-19 铜井地热田	6971	31502	17428	2000	9038	5000	4971	22464	12428
	合计	93491	257156	233729	4400	14204	11000	89091	242952	222729

注：地热水量单位为 m^3/d；热能量（折合标准煤）单位为 t/a；理疗人次单位为人·次。

临沂市地热地质图

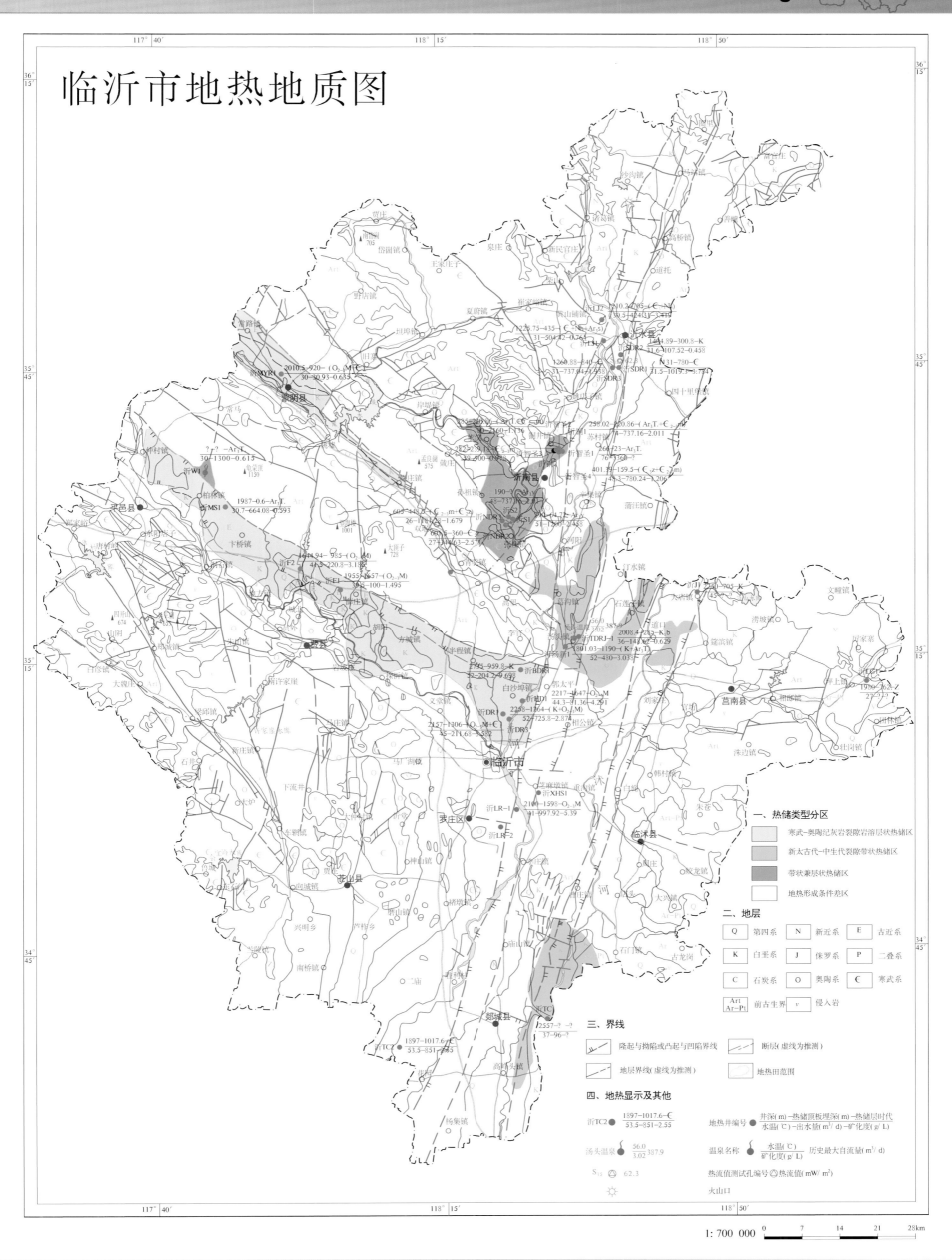

一、热储类型分区

- 寒武-奥陶纪灰岩裂隙岩溶层状热储区
- 新太古代-中生代裂隙带状热储区
- 带状兼层状热储区
- 地热形成条件差区

二、地层

Q 第四系	N 新近系	E 古近系
K 白垩系	J 侏罗系	P 二叠系
C 石炭系	O 奥陶系	Є 寒武系
Ar1 前古生界	Ar-Pt	v 侵入岩

三、界线

- 隆起与拗陷或凸起与凹陷界线
- 断层（虚线为推测）
- 地层界线（虚线为推测）
- 地热田范围

四、地热显示及其他

沂TC2● 1897-1017.6-Є / 53.5-851-2.55　地热井编号● 井深(m)-热储顶板埋深(m)-热储层时代 / 水温(℃)-出水量(m³/d)-矿化度(g/L)

汤头温泉♨ 56.0 / 3.02 387.9　温泉名称♨ 水温(℃) / 矿化度(g/L) 历史最大自流量(m³/d)

S₃ △ 62.3　热流值测试孔编号△ 热流值(mW/m²)

☼ 火山口

1 : 700 000　0　7　14　21　28km

临沂市地热资源潜力分区图

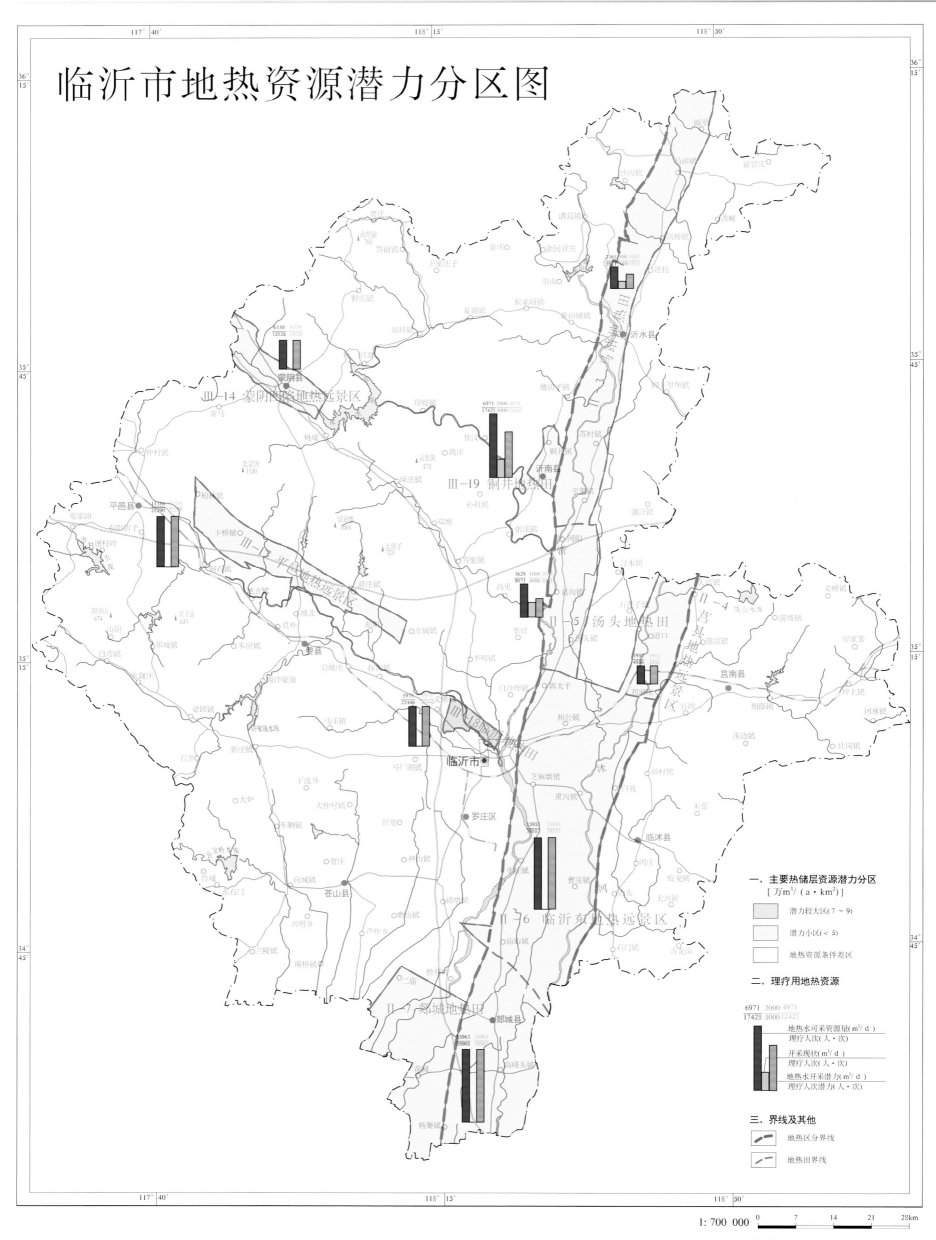

III-14 蒙阴西路地热远景区

III-19 铜井地热田

III-1 平邑地热远景区

II-5 汤头地热田

II-4 莒夏地热远景区

III-18 临沂地热田

II-6 临沂东地热远景区

II-7 郯城地热田

一、主要热储层资源潜力分区
[万m³/(a·km²)]

潜力较大区(7～9)
潜力小区(<5)
地热资源条件差区

二、理疗用地热资源

6971	2000	4971
17428	5000	12428

地热水可采资源量(m³/d)
理疗人次(人·次)
开采现状(m³/d)
理疗人次(人·次)
地热水开采潜力(m³/d)
理疗人次潜力(人·次)

三、界线及其他

地热区分界线
地热田界线

1:700 000   0   7   14   21   28km

德州市地热地质条件及采灌均衡资源评价

一、地热地质条件

德州市位于山东省西北部、黄河下游北岸的鲁西北平原。受新华夏构造体系影响，区内基岩断裂构造发育、活动强度大，发育的断裂主要有：沧东断裂、边临镇－羊二庄断裂和陵县－老黄河口断裂。地热资源主要赋存于新近纪馆陶组和古近纪东营组砂岩裂隙孔隙层状热储，以及寒武－奥陶纪碳酸盐岩裂隙岩溶层状热储。热储埋深大，地热水补给微弱，主要为古封存水和成岩过程中的压密释水，地热田成矿模式属于封闭－传导－层状型，仅南部岩溶热储属于弱开放－对流传导－带状层状型。

（一）新近纪馆陶组砂岩裂隙孔隙层状热储

该热储层除在齐广断裂以南、山前边缘地带的齐河、禹城部分地区缺失外，其余地区皆有分布。受区域构造和基底起伏的控制，其总的分布规律在潜凸起区埋藏浅、厚度小，凹陷区埋藏深、厚度大。临清拗陷、济阳拗陷区底板埋深1200～1800 m，在拗陷区中心埋藏深、厚度大，四周埋藏浅，厚度小。埕宁隆起区底板埋深1000～1500 m，在乐陵凹陷沉降中心及陵县潜凸起的西部，底板埋深大于1500 m，宁津潜凸起、庆云潜凸起区中心埋深小于1000 m。鲁西隆起区底板埋深600～1200 m，南部山前缺失。热储岩性主要为河流相、冲积扇相的细砂岩、粗砂岩、含砾砂岩、砂砾岩，砾石呈半圆状，磨圆度中等，在垂向上具有上细下粗的正旋回特征；在水平方向上具有在隆起区、潜凸起区颗粒粗，拗陷区、凹陷区颗粒细的特征。热储厚度南部、北部薄，中间厚，在凹陷中心的德州－夏津、乐陵、临邑等地砂岩热储厚度大于140 m，陵县潜凸起、宁津潜凸起、庆云潜凸起、武城－故城潜凸起及黑龙村潜凸起区，砂岩热储厚度80～120 m，占馆陶组地层总厚度的37%～45%，在潜凸起区砂岩热储占比大，凹陷区占比小，单层厚度10～20 m。在1000～1500 m取水段，单井涌水量70～120 m³/h（1680～2880 m³/d），开采初期自流量10～40 m³/h（240～960 m³/d），自流水头高度0～8 m。地热水矿化度4～10 g/L，水化学类型Cl-Na型，井口出水温度45～65℃，属温热水－热水型低温地热资源。

（二）古近纪东营组砂岩裂隙孔隙层状热储

主要分布在临清拗陷的德州－夏津一线以东地区及惠民凹陷的禹城、临邑等地，其余地区缺失。底板埋深1600～2000 m，厚度200～550 m，砂岩厚度40～130 m，单井涌水量30～60 m³/h（720～1440 m³/d），矿化度10～15 g/L，水化学类型为Cl-Na、Cl·SO₄-Na型，井口出水温度60～70℃，属温热水－热水型低温地热资源。

（三）寒武－奥陶纪碳酸盐岩裂隙岩溶层状热储

该热储在 3000 m 深度内主要分布在宁津潜凸起、齐河潜凸起、故城－武城潜凸起、高唐潜凸起等区域。顶板埋深在宁津潜凸起、故城－武城潜凸起及高唐潜凸起为 1200 ~ 1400 m，隐伏于新近纪馆陶组之下。在齐河潜凸起区，寒武－奥陶系埋藏于石炭－二叠系之下，顶板埋深由南向北逐渐变深，最南端顶板埋深 800 ~ 1000 m，北部顶板埋深大于 2000 m。地热水主要赋存于石灰岩、白云岩裂隙岩溶中。裂隙岩溶发育程度和古风化壳发育厚度除受岩性影响以外，主要受基底构造及岩石埋藏深度的影响，具不均匀性。据有关勘探井揭露，同为奥陶纪灰岩潜山体，直接被新近系覆盖的裂隙岩溶发育程度和古风化壳厚度比被石炭－二叠系埋藏的裂隙岩溶发育程度高、古风化壳厚度大、富水性强。据齐河县栗庄地热井资料，齐河潜凸起区奥陶纪地层完整，岩溶发育不均匀。地热水矿化度 3 ~ 4 g/L，水化学类型为 $SO_4\text{-}Na$ 型，单井涌水量 60 ~ 125 m^3/h（1440 ~ 3000 m^3/d）。

二、开发利用现状

德州市是山东省地热资源最丰富的地市之一。除禹城城区混合开采馆陶组、东营组热储，齐河县东开发区开采寒武－奥陶纪碳酸盐岩热储外，其余地区主要开采馆陶组热储。现有地热井 400 余眼，年开采量 6413 万 m^3，主要用于供暖，其次用于理疗。

2016 年，山东省地质矿产勘查开发局第二水文地质工程地质大队在德州市建立了"砂岩热储地热回灌示范工程"，实现了地热供暖尾水 100% 生产性回灌。该示范工程是对回灌井钻探成井、梯级开发、综合利用、尾水回灌、实时监控等地热资源勘查开发技术体系的集成和创新。利用该技术体系、借鉴示范工程的成功经验，在武城、禹城、乐陵、夏津、平原和商河等地建成了地热供暖回灌工程十余处，促进了全省砂岩热储地热供暖尾水生产性回灌的普及，对整个华北地区乃至全国砂岩热储地热供暖尾水回灌技术的推广起到了引领和示范作用。

三、地热资源潜力

德州市自然条件下供暖期地热水可采资源量为 699.37 万 m^3/d，折合标准煤 923.76 万 t/a，可供暖面积 44767 万 m^2/a。

按照"取热不取水"的采灌均衡开采模式，回灌条件下地热水可采资源量为 932.30 万 m^3/d，折合标准煤 1233.39 万 t/a，可供暖面积 59654 万 m^2/a。

目前供暖期地热水开采量 53.11 万 m^3/d，折合标准煤 67.20 万 t/a，供暖面积

3257万m²/a。

回灌条件下供暖期地热水开采潜力资源量为879.19万m³/d，折合标准煤1166.19万t/a，潜力供暖面积56397万m²/a。详见图18、表23。

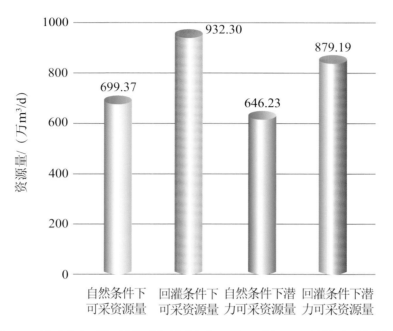

图18 德州市供暖期地热资源量及其开采潜力柱状图

表23 德州市供暖期地热资源量–开采现状–开采潜力一览表

序号	地热田名称	自然条件下供暖期地热水可采资源量			回灌条件下供暖期地热水可采资源量			开采现状			回灌条件下供暖期地热水开采潜力		
		地热水量	热能量	供暖面积	地热水量	热能量	供暖面积	地热水量	热能量	供暖面积	地热水量	热能量	供暖面积
1	III-4 长清地热田	13.92	20.8	1008	19.25	28.69	1390	0	0	0	19.25	28.69	1390
2	III-5 齐河地热田	9.70	12.74	617	12.18	16.79	814	0	0	0	12.18	16.79	814
3	IV-1 德州地热田	53.51	69.98	3391	76	99.39	4816	17.79	22.85	1107	58.21	76.54	3709
4	IV-2 武城地热田	85.37	110.26	5343	104.07	134.24	6505	3.07	3.98	193	101	130.26	6312
5	IV-3 夏津地热田	61.85	84.64	4102	73.16	100.13	4852	6.87	9.22	447	66.29	90.91	4405
6	IV-6 平原地热田	44.99	72.24	3501	60.48	97.11	4706	5.6	9.05	439	54.89	88.06	4267
7	IV-7 高唐地热田	38.02	50.67	2456	57.53	76.71	3717	0.67	0.8	39	56.85	75.91	3678
8	IV-10 禹城地热田	29.93	36.72	1780	45.46	55.78	2703	0.81	0.92	45	44.65	54.86	2658
9	IV-11 临邑地热田	62.16	90.08	4365	84.75	122.83	5952	1.71	2.25	109	83.04	120.58	5843
10	IV-12 滋镇地热田	53.14	66.98	3246	68.02	85.74	4155	0	0	0	68.02	85.74	4155
11	IV-15 惠民地热田	4.39	4.76	231	6.82	7.39	245	0.14	0.15	7	6.68	7.24	238
12	IV-18 埕口地热田	2.92	2.41	117	3.23	3.39	164	0	0	0	3.23	3.39	164
13	IV-33 陵县地热田	68.53	93.54	4533	82.13	113.19	5486	4.41	5.1	247	77.72	108.09	5238
14	IV-34 宁津地热田	63.28	80.76	3914	89.69	114.05	5526	4.89	5.58	270	84.8	108.47	5256
15	IV-35 乐陵地热田	68.97	86.42	4188	94.71	117.99	5717	4.8	5.05	245	89.91	112.94	5473
16	IV-36 无棣地热田	38.69	40.76	1975	54.82	59.97	2906	2.35	2.25	109	52.47	57.72	2797
	合计	699.37	923.76	44767	932.30	1233.39	59654	53.11	67.20	3257	879.19	1166.19	56397

注：地热水量单位为万 m³/d；热能量（折合标准煤）单位为万 t/a；供暖面积单位为万 m²/a。

德州市地热地质图

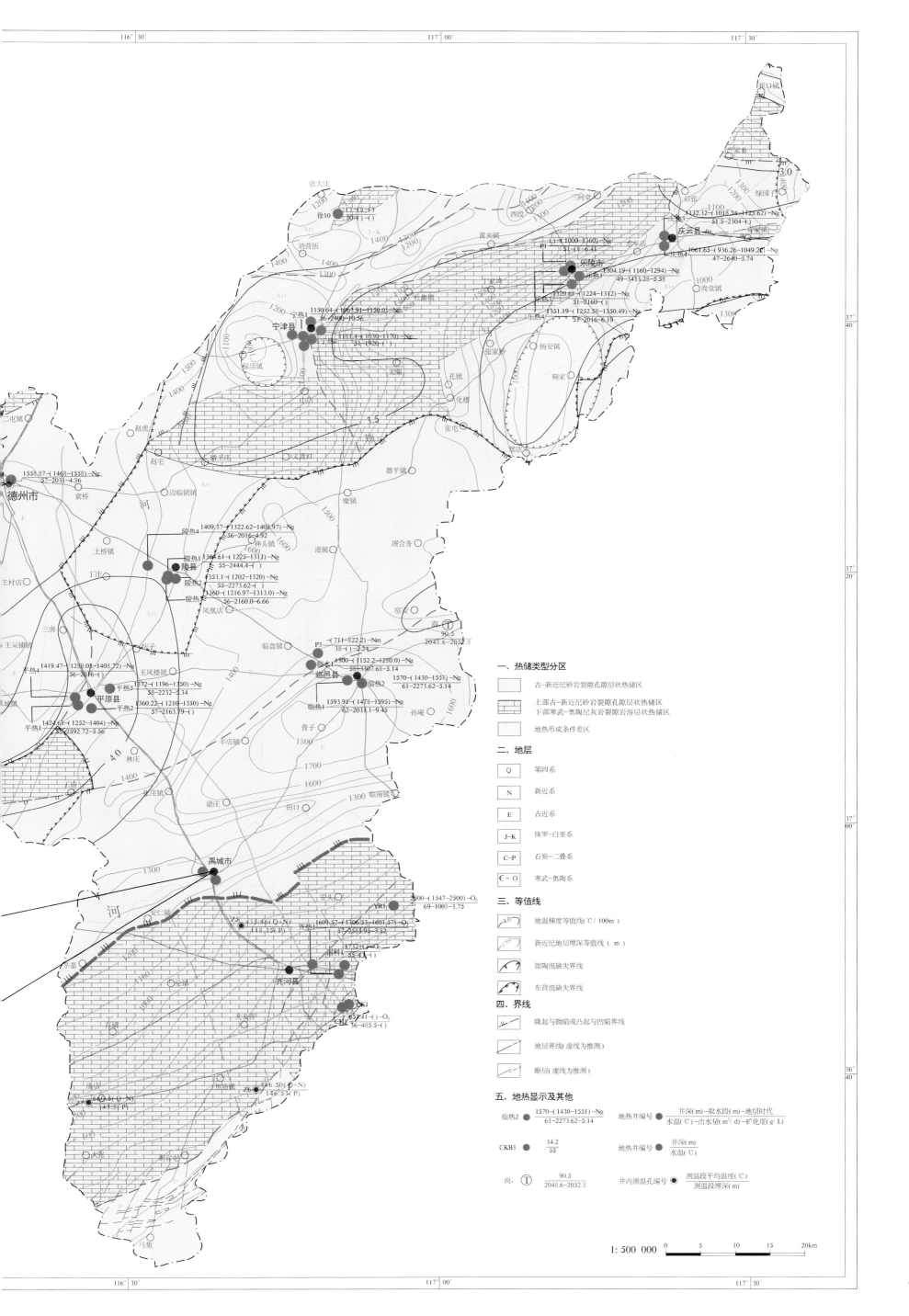

一、热储类型分区

古－新近纪砂岩裂隙孔隙层状热储区

上部古－新近纪砂岩裂隙孔隙层状热储区
下部寒武－奥陶纪灰岩裂隙岩溶层状热储区

地热形成条件差区

二、地层

Q 第四系

N 新近系

E 古近系

J－K 侏罗－白垩系

C－P 石炭－二叠系

Є－O 寒武－奥陶系

三、等值线

地温梯度等值线（℃/100m）

新近纪地层埋深等值线（m）

馆陶组缺失界线

东营组缺失界线

四、界线

隆起与拗陷或凸起与凹陷界线

地层界线(虚线为推测)

断层(虚线为推测)

五、地热显示及其他

临热2 $\frac{1570-(1430-1551)-Ng}{61-2273.62-5.14}$ 地热井编号 $\frac{井深(m)-取水段(m)-地层时代}{水温(℃)-出水量(m^3/d)-矿化度(g/L)}$

CKB3 $\frac{34.2}{55}$ 地热井编号 $\frac{井深(m)}{水温(℃)}$

商 ① $\frac{90.5}{2048.6-2052.8}$ 井内测温孔编号 $\frac{测温段平均温度(℃)}{测温段埋深(m)}$

1 : 500 000 0 5 10 15 20km

德州市地热资源潜力分区图

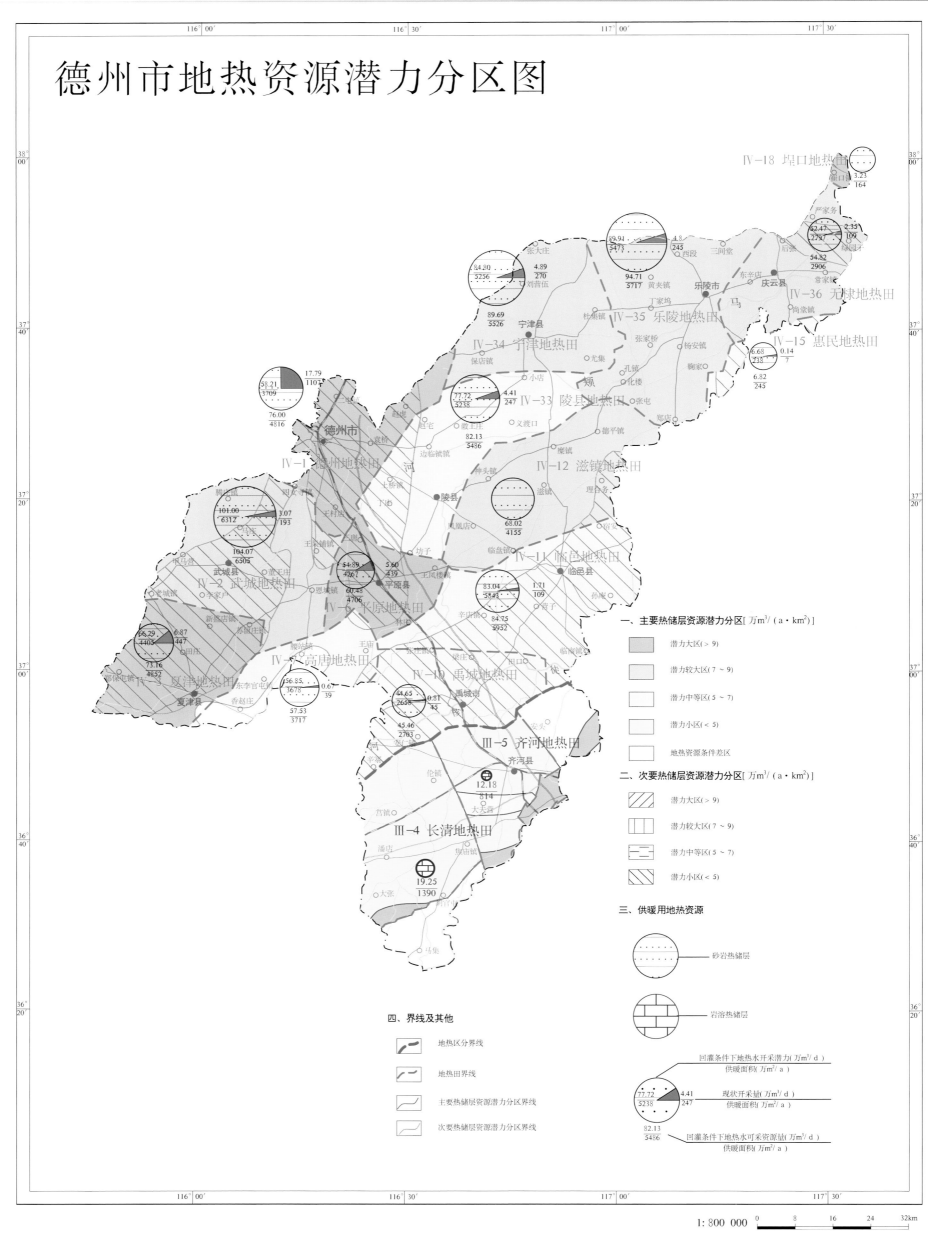

一、主要热储层资源潜力分区 [万m³/（a·km²）]

潜力大区（> 9）

潜力较大区（7～9）

潜力中等区（5～7）

潜力小区（< 5）

地热资源条件差区

二、次要热储层资源潜力分区 [万m³/（a·km²）]

潜力大区（> 9）

潜力较大区（7～9）

潜力中等区（5～7）

潜力小区（< 5）

三、供暖用地热资源

砂岩热储层

岩溶热储层

回灌条件下地热水开采潜力(万m³/d)
供暖面积(万m²/a)

现状开采量(万m³/d)
供暖面积(万m²/a)

回灌条件下地热水可采资源量(万m³/d)
供暖面积(万m²/a)

四、界线及其他

地热区分界线

地热田界线

主要热储层资源潜力分区界线

次要热储层资源潜力分区界线

1: 800 000

聊城市地热地质条件及采灌均衡资源评价

一、地热地质条件

聊城市地处山东省西部，构造上位于临清凹陷东部，地热田分布主要受聊城－兰考断裂、沧东断裂、堂邑东断裂及堂邑西断裂等断裂构造控制。地热资源主要赋存于新近纪馆陶组、古近纪东营组砂岩裂隙孔隙层状热储，以及寒武－奥陶纪碳酸盐岩裂隙岩溶层状热储。热储埋深大，地热水补给微弱，主要为古封存水和成岩过程中的压密释水，地热田成矿模式属于封闭－传导－层状型，仅聊城－兰考断裂以东岩溶热储属于弱开放－对流传导－带状层状型。

（一）新近纪馆陶组砂岩裂隙孔隙层状热储

全区内普遍存在，受区域构造和基底起伏的控制，顶底板埋深在潜凸起区埋藏浅、厚度小，凹陷区埋藏深、厚度大，自南向北由浅变深，厚度由小变大。底板埋深 $1000 \sim 1500\,m$，地层厚度 $300 \sim 500\,m$，砂岩热储厚度 $50 \sim 100\,m$，岩性主要为河流相、冲积扇相的细砂岩、粗砂岩、含砾砂岩、砂砾岩，砾石呈半圆状，磨圆度中等。热储在垂向上具有上细下粗的正旋回特征，在水平方向上具有南部和东部颗粒细、北部和西部颗粒粗的特征。在 $1000 \sim 1500\,m$ 取水段，单井涌水量 $30 \sim 80\,m^3/h$（$720 \sim 1920\,m^3/d$）。地热水矿化度 $4 \sim 6\,g/L$，水化学类型为 Cl-Na 和 $SO_4 \cdot Cl$-Na 型，井口出水温度 $45 \sim 65℃$，属温热型－热水型低温地热资源。

（二）古近纪东营组砂岩孔隙裂隙层状热储

主要分布在冠县凹陷、莘县潜凹陷。受区域构造和基底起伏的控制，东营组底板埋深 $1200 \sim 2000\,m$，厚度小于 $540\,m$，在凹陷盆地的中心厚度最大，在盆地边缘最薄，分布不稳定。凹陷中心东营组砂岩热储厚度 $200\,m$，呈现自西向东、自南向北变厚趋势。基底断裂构造较发育，构成良好的热源上涌通道。热储岩性为细砂岩、砂砾岩，砂岩热储累计厚度 $100 \sim 200\,m$，单井涌水量 $30 \sim 60\,m^3/h$（$720 \sim 1440\,m^3/d$），地热水矿化度 $6 \sim 10\,g/L$，水化学类型为 Cl-Na、$Cl \cdot SO_4$-Na 型，井口出水温度 $50 \sim 70℃$，属温热水－热水型低温地热资源。

（三）古生代寒武－奥陶纪碳酸盐岩岩溶裂隙热储

该层主要分布在魏庄潜凸起、馆陶潜凸起、高唐潜凸起北部及聊考断裂以东、齐广断裂以南等区域。顶界面起伏大，在聊城－茌平单斜构造区东南部直接角度不整合于新近纪馆陶组之下，顶板埋深 $100 \sim 300\,m$；在其西北大部分地区，与上古生界石炭－二叠系呈角度不整合接触，顶板埋深 $500 \sim 1000\,m$。在高唐潜凸起北部其顶板埋深 $1200 \sim 1300\,m$，馆陶潜凸起顶板埋深 $1500 \sim 1700\,m$。

地热水主要赋存于石灰岩、白云岩裂隙岩溶中。裂隙岩溶发育程度受层间岩溶和断裂构造控制，在空间上形成岩溶网络，是地热水赋存和运移的空间。据聊城市地热井资料，该热储在 1000 ～ 2000 m 取水段，单井涌水量 20 ～ 65 m³/h（480 ～ 1560 m³/d）。水化学类型 Cl·SO₄-Na·Ca 型，地热水矿化度 5 ～ 6 g/L，地热水中锶、氟含量达到命名矿水浓度，偏硅酸含量达到矿水浓度，偏硼酸达到医疗价值浓度。井口出水温度 50 ～ 70℃，属温热水 – 热水型低温地热资源。

二、开发利用现状

聊城市目前共有地热井 134 眼，年开采量 1439 万 m³，主要为砂岩裂隙孔隙层状热储和碳酸盐岩裂隙岩溶层状热储，广泛用于供暖、理疗、养殖、娱乐等。

砂岩裂隙孔隙层状热储地热井主要分布于东昌府区、临清、高唐、冠县、莘县城区等，多为馆陶组和东营组热储混合开采，地热井井深 1185 ～ 1802.9 m，单井涌水量 31.88 ～ 127.83 m³/h（765 ～ 3068 m³/d），井口出水温度 50 ～ 67.5℃。

碳酸盐岩裂隙岩溶层状热储地热井主要分布于聊城－兰考断裂东南的王奉－魏庄－赵梁堂和斗虎屯－戴湾－康庄一带，地热井井深 1378.53 ～ 2337 m，单井涌水量 39.29 ～ 65.00 m³/h（943 ～ 1560 m³/d），井口出水温度 46 ～ 62℃。

三、地热资源潜力

聊城市自然条件下供暖期地热水可采资源量为 403.73 万 m³/d，折合标准煤 575.58 万 t/a，可供暖面积 27892 万 m²/a。

按照"取热不取水"的采灌均衡开采模式，回灌条件下地热水可采资源量为 533.67 万 m³/d，折合标准煤 766.73 万 t/a，可供暖面积 37156 万 m²/a。

目前供暖期地热水开采量 12.17 万 m³/d，折合标准煤 14.43 万 t/a，供暖面积 699 万 m²/a。

回灌条件下供暖期地热水开采潜力资源量为 521.50 万 m³/d，折合标准煤 752.30 万 t/a，潜力供暖面积 36457 万 m²/a。详见图 19、表 24。

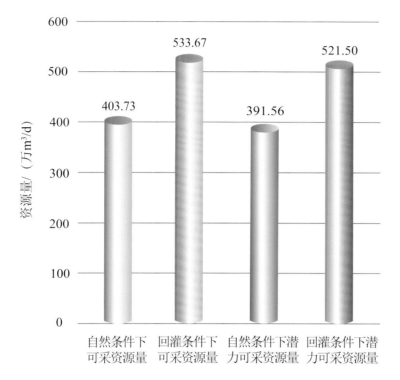

图 19 聊城市供暖期地热资源及其开采潜力柱状图

表 24 聊城市地热资源量 – 开采现状 – 开采潜力一览表

序号	地热田名称	自然条件下供暖期地热水可采资源量			回灌条件下供暖期地热水可采资源量			开采现状			回灌条件下供暖期地热水开采潜力		
		地热水量	热能量	供暖面积	地热水量	热能量	供暖面积	地热水量	热能量	供暖面积	地热水量	热能量	供暖面积
1	III-1 阳谷地热田	34.08	53.72	2603	45.95	72.62	3519	0	0	0	45.95	72.62	3519
2	III-2 聊东地热田	13.12	16.72	810	17.98	23.13	1121	0.37	0.43	21	17.61	22.7	1100
3	III-3 东阿地热远景区	5.83	7.16	347	8.96	11	533	0	0	0	8.96	11	533
4	III-4 长清地热田	2.65	3.95	192	3.66	5.45	264	0	0	0	3.66	5.45	264
5	IV-4 临清地热田	79.53	105.46	5110	88.89	118.66	5750	5.3	6.58	319	83.59	112.08	5431
6	IV-5 冠县地热田	86.57	131.38	6367	119.65	183.12	8874	0.38	0.52	25	119.27	182.6	8849
7	IV-7 高唐地热田	32.76	41.14	1993	49.34	61.98	3004	1.04	1.24	60	48.3	60.75	2944
8	IV-8 聊城地热田	90.27	140.88	6827	121.16	191.45	9278	4.4	4.87	236	116.76	186.58	9042
9	IV-9 莘县地热田	45	58.58	2839	56.94	74.12	3592	0.19	0.25	12	56.74	73.87	3580
10	IV-10 禹城地热田	13.92	16.59	804	21.14	25.2	1221	0.48	0.55	26	20.66	24.65	1195
	合计	403.73	575.58	27892	533.67	766.73	37156	12.17	14.43	699	521.5	752.3	36457

注：地热水量单位为万 m³/d；热能量（折合标准煤）单位为万 t/a；供暖面积单位为万 m²/a。

聊城市地热地质图

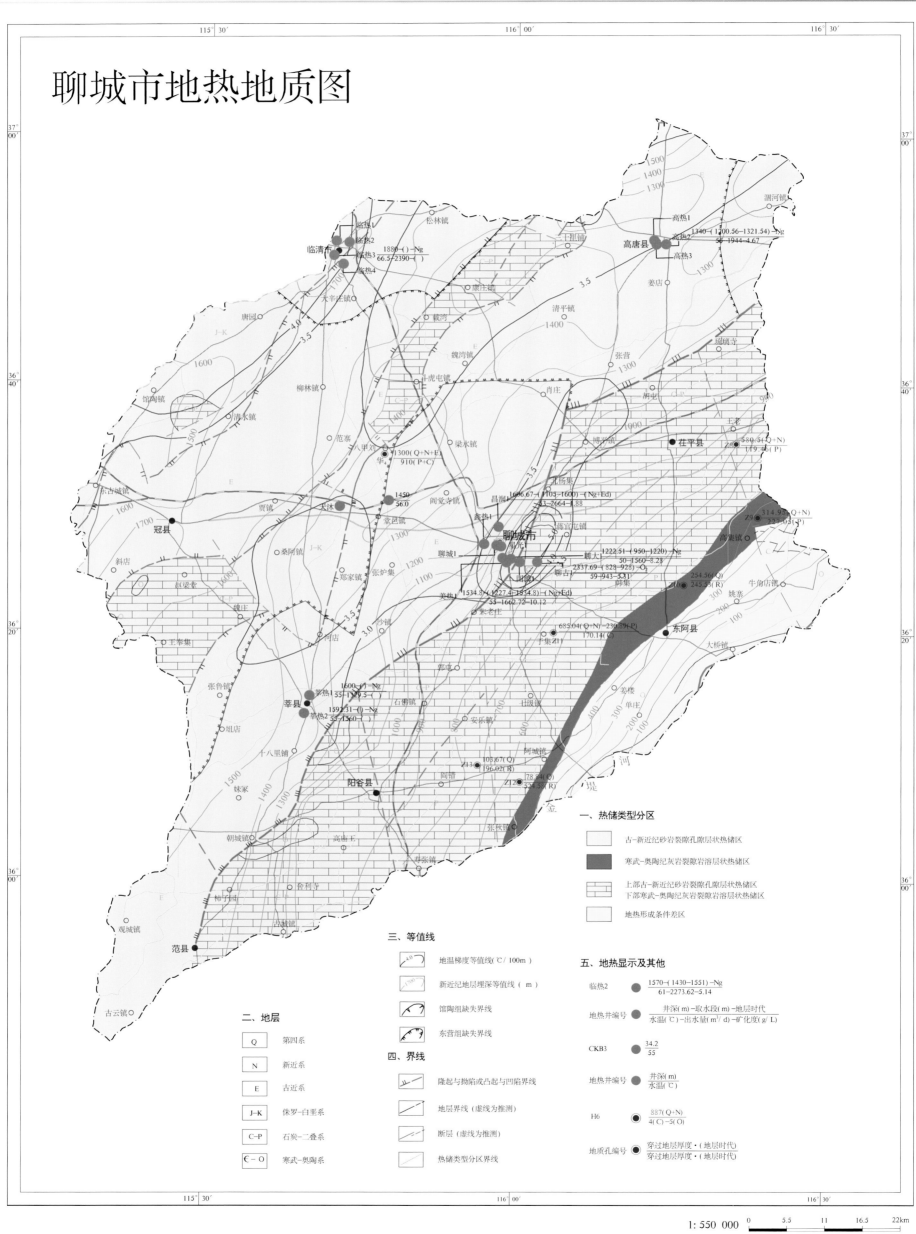

聊城市地热资源潜力分区图

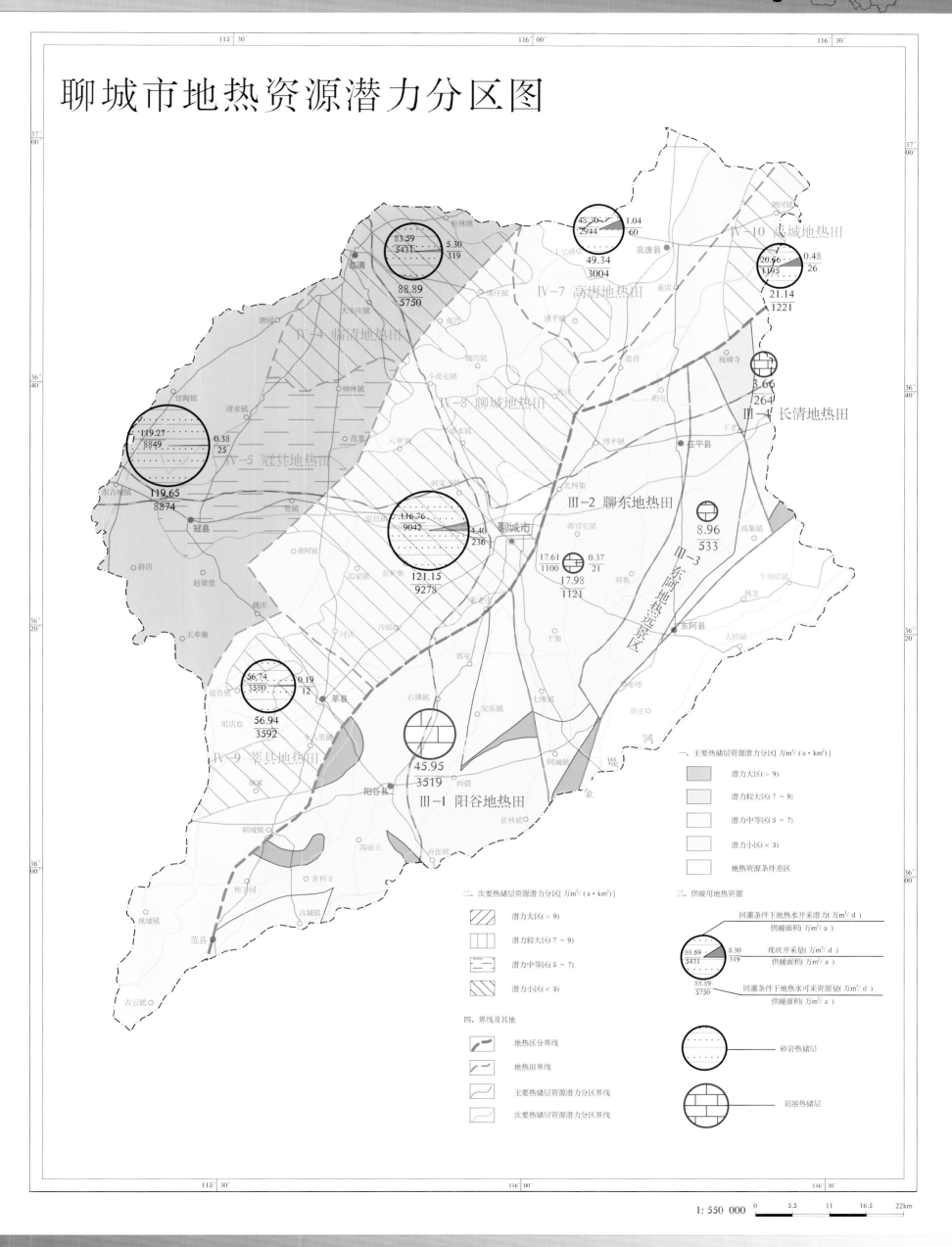

一、主要热储层资源潜力分区[万m³/(a·km²)]

潜力大区(> 9)

潜力较大区(7 ~ 9)

潜力中等区(5 ~ 7)

潜力小区(< 5)

地热资源条件差区

二、次要热储层资源潜力分区[万m³/(a·km²)]

潜力大区(> 9)

潜力较大区(7 ~ 9)

潜力中等区(5 ~ 7)

潜力小区(< 5)

三、供暖用地热资源

回灌条件下地热水开采潜力(万m³/d)
供暖面积(万m²/a)

现状开采量(万m³/d)
供暖面积(万m²/a)

回灌条件下地热水可采资源量(万m³/d)
供暖面积(万m²/a)

砂岩热储层

岩溶热储层

四、界线及其他

地热区分界线

地热田界线

主要热储层资源潜力分区界线

次要热储层资源潜力分区界线

1:550 000   0   5.5   11   16.5   22km

滨州市地热地质条件及采灌均衡资源评价

一、地热地质条件

滨州市位于黄河下游，鲁西北平原东部，北部濒临渤海湾，西北顺漳卫新河与河北沧州地区交界，西南与德州、济南、淄博为临，东部与东营市的利津、广饶两县接壤。滨州市主要热储层为新近纪馆陶组和古近纪东营组砂岩裂隙孔隙层状热储，其次为寒武－奥陶纪碳酸盐岩裂隙岩溶层状热储，地热田成矿模式属于封闭－传导－层状型。

（一）新近纪馆陶组砂岩裂隙孔隙层状热储

广泛分布于邹平县－博兴县南部以北地区，面积 7146.6 km^2，占滨州市面积的 75.6%。顶、底板埋深自南向北均逐渐加深，顶板埋深 760 ～ 1080 m。底板埋深 900 ～ 1800 m，其中北部埕子口潜凸起区底板埋深较浅，在 900 ～ 1000 m；沾化凹陷区埋藏较深，为 1400 ～ 1600 m，沾化海防办埋藏深度最深 1600 ～ 1800 m，其余地区均在 1100 ～ 1400 m。由凹陷中心向边缘地层厚度由厚变薄，如自车镇潜凹陷至埕子口潜凸起区，地层厚度由 400 m 减至 100 m。热储含水层岩性为砂砾岩、细砂岩及粉细砂岩。据地热井资料，大山潜凹陷、惠民潜凹陷地热井取水段 1000 ～ 1300 m，井口出水温度 52 ～ 65 ℃；东营潜凹陷地热井取水段 1100 ～ 1300 m，单井涌水量 70 ～ 90 m^3/h（1680 ～ 2160 m^3/d），井口出水温度 62 ～ 65 ℃，属温热水－热水型低温地热资源。

（二）古近纪东营组砂岩裂隙孔隙层状热储

主要分布于惠民潜凹陷、沾化潜凹陷、东营潜凹陷区内，潜凸起区缺失，面积 3650 km^2，占滨州市面积的 38.7%。顶板埋深 900 ～ 1480 m，底板埋深 1000 ～ 1900 m，其中北部马山子镇热储砂层厚度 50 ～ 180 m，其余部分热储砂层厚度 50 ～ 85 m。热储含水层岩性为砂砾岩、细砂岩及粉细砂岩。据地热井资料，东营潜凹陷地热井 1200 ～ 1600 m 取水段，单井涌水量 50 ～ 60 m^3/h（1200 ～ 1440 m^3/d），井口出水温度 58 ～ 65 ℃，属温热水－热水型低温地热资源。

（三）古生代寒武－奥陶纪碳酸盐岩裂隙岩溶层状热储

该热储主要分布于济阳拗陷的义和庄潜凸起、陈庄潜凸起、崔口潜凸起、高青潜凸起等地段，热储顶板埋深 1000 ～ 2000 m。地热水主要赋存于石灰岩、白云岩裂隙岩溶中。裂隙岩溶发育程度和古风化壳发育厚度除受岩性影响以外，主要受基底构造及岩石埋藏深度的影响，具不均匀性。据地热井资料，单井涌水量 2.08 ～ 41.67 m^3/h（50 ～ 1000 m^3/d），井口出水温度 39 ～ 68℃，属温热水－热水型低温地热资源。

二、开发利用现状

滨州市现有地热井 94 眼，年开采量 967 万 m³。主要分布于滨城区、博兴县、惠民县、无棣县、阳信县、沾化县等城区。以开采馆陶组、东营组热储为主，井深 1055 ～ 1627 m，单井涌水量 30 ～ 80 m³/h（720 ～ 1920 m³/d），井口出水温度 38 ～ 65℃。主要用于供暖、理疗、养殖。

三、地热资源潜力

滨州市自然条件下供暖期地热水可采资源量为 573.86 万 m³/d，折合标准煤 649.84 万 t/a，可供暖面积 31491 万 m²/a。

按照"取热不取水"的采灌均衡开采模式，回灌条件下供暖期地热水可采资源量为 762.27 万 m³/d，折合标准煤 860.78 万 t/a，可供暖面积 41696 万 m²/a。

目前供暖期地热水开采量为 8.32 万 m³/d，折合标准煤 8.86 万 t/a，供暖面积 429 万 m²/a。

回灌条件下供暖期地热水开采潜力资源量为 753.95万 m³/d，折合标准煤 851.92 万 t/a，潜力供暖面积 41266万 m²/a。详见图 20、表 25。

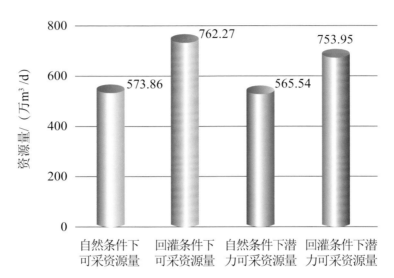

图 20 滨州市供暖期地热资源量及其开采潜力柱状图

表 25 滨州市供暖期地热资源量－开采现状－开采潜力一览表

序号	地热田编号及名称	自然条件下供暖期地热水可采资源量			回灌条件下供暖期地热水可采资源量			开采现状			回灌条件下供暖期地热水开采潜力		
		地热水量	热能量	供暖面积	地热水量	热能量	供暖面积	地热水量	热能量	供暖面积	地热水量	热能量	供暖面积
1	IV-14 济阳北地热田	1.83	2.01	97	2.79	3.06	131	0	0	0	2.79	3.06	131
2	IV-15 惠民地热田	48.54	52.06	2523	75.38	80.86	3919	1.70	1.74	84	73.68	79.12	3834
3	IV-16 淄角地热田	34.43	37.34	1810	46.30	50.22	2433	0	0	0	46.30	50.22	2433
4	IV-17 高青地热田	23.32	26.66	1292	35.27	40.35	1955	0.20	0.22	11	35.07	40.13	1945
5	IV-18 垦口地热田	52.95	43.81	2123	58.49	61.37	2974	0	0	0	58.49	61.37	2974
6	IV-19 车镇北地热田	115.01	133.74	6481	138.13	140	6784	1.72	1.80	87	136.41	138.20	6697
7	IV-20 车镇南地热田	71.81	76.43	3704	94.62	100.71	4880	0	0	0	94.62	100.71	4880
8	IV-21 义和地热田	39.25	47.56	2305	52.54	63.91	3097	0	0	0	52.54	63.91	3097
9	IV-23 陈庄地热田	32.12	39.36	1908	47.40	58.35	2827	0.35	0.34	16	47.05	58.01	2811
10	IV-24 滨州地热田	68.59	90.19	4370	82.23	108.13	5240	1.72	2.09	101	80.51	106.04	5139
11	IV-25 博兴地热田	46.63	56.94	2759	72.42	88.44	4286	0.76	0.88	43	71.66	87.56	4243
12	IV-29 广饶地热田	1.72	1.41	68	3.49	2.86	139	0.05	0.04	2	3.44	2.82	137
13	IV-36 无棣地热田	37.66	42.33	2051	53.21	62.52	3030	1.83	1.75	85	51.39	60.77	2945
	合计	573.86	649.84	31491	762.27	860.78	41696	8.32	8.86	429	753.95	851.92	41266

注：地热水量单位为万 m³/d；热能量（折合标准煤）单位为万 t/a；供暖面积单位为万 m²/a。

滨州市地热地质图

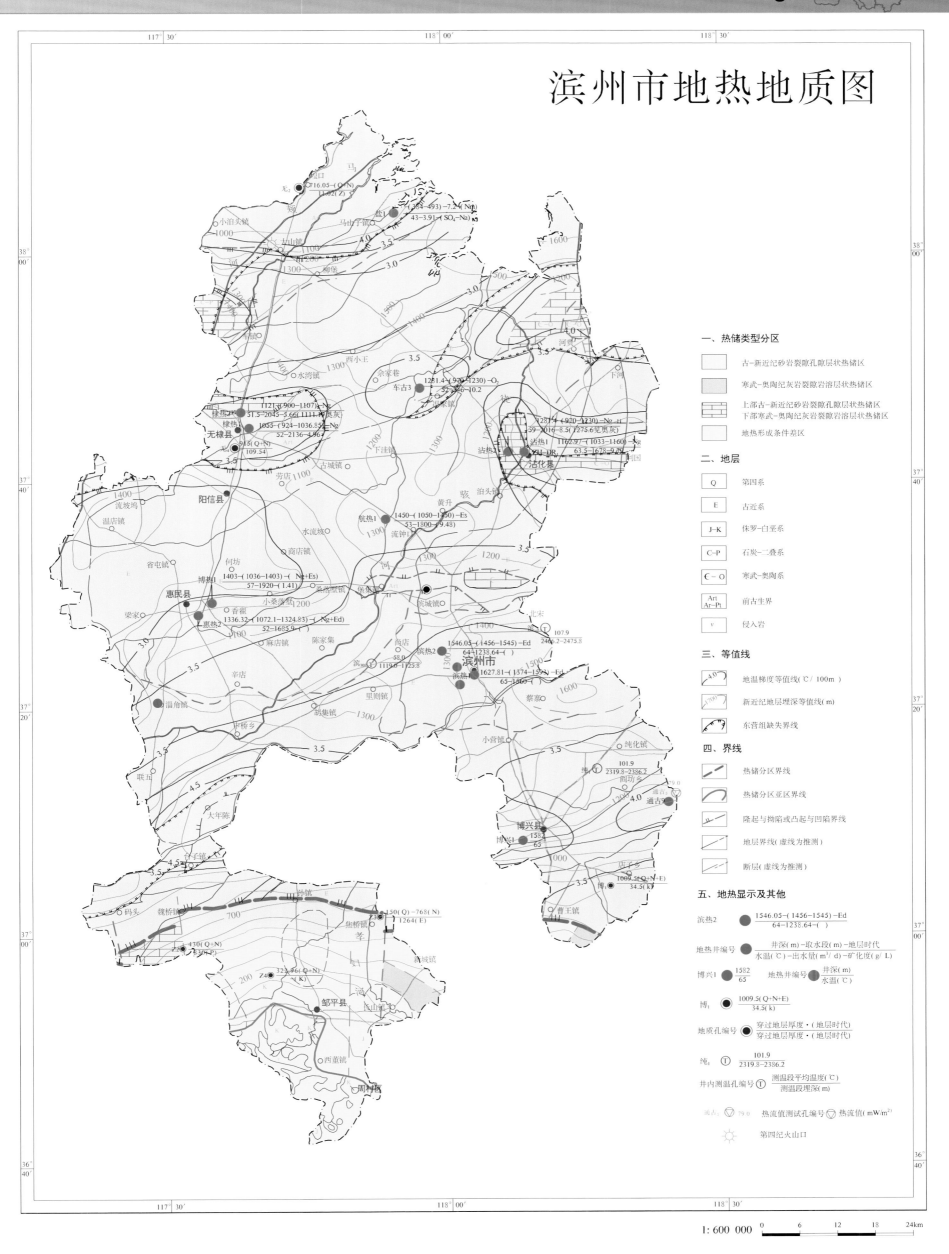

一、热储类型分区

古-新近纪砂岩裂隙孔隙层状热储区

寒武-奥陶纪灰岩裂隙岩溶层状热储区

上部古-新近纪砂岩裂隙孔隙层状热储区
下部寒武-奥陶纪灰岩裂隙岩溶层状热储区

地热形成条件差区

二、地层

Q 第四系

E 古近系

J-K 侏罗-白垩系

C-P 石炭-二叠系

Є-O 寒武-奥陶系

Ar-Pt 前古生界

ν 侵入岩

三、等值线

4.0 地温梯度等值线（℃/100m）

1500 新近纪地层埋深等值线（m）

东营组缺失界线

四、界线

热储分区界线

热储分区亚区界线

隆起与坳陷或凸起与凹陷界线

地层界线（虚线为推测）

断层（虚线为推测）

五、地热显示及其他

滨热2 ● $\frac{1546.05-(1456-1545)-Ed}{64-1238.64-(\ )}$

地热井编号 $\frac{井深(m)-取水段(m)-地层时代}{水温(℃)-出水量(m^3/d)-矿化度(g/L)}$

博兴1 ● $\frac{1582}{65}$ 地热井编号 $\frac{井深(m)}{水温(℃)}$

博 ● $\frac{1009.5(Q+N+E)}{34.5(k)}$

地质孔编号 ● 穿过地层厚度·（地层时代）
穿过地层厚度·（地层时代）

纯1 ⊥ $\frac{101.9}{2319.8-2386.2}$

井内测温孔编号 ⊥ $\frac{测温段平均温度(℃)}{测温段埋深(m)}$

威古 ▽ 79.0 热流值测试孔编号 ▽ 热流值(mW/m²)

☼ 第四纪火山口

1:600 000   0 6 12 18 24km

87

滨州市地热资源潜力分区图

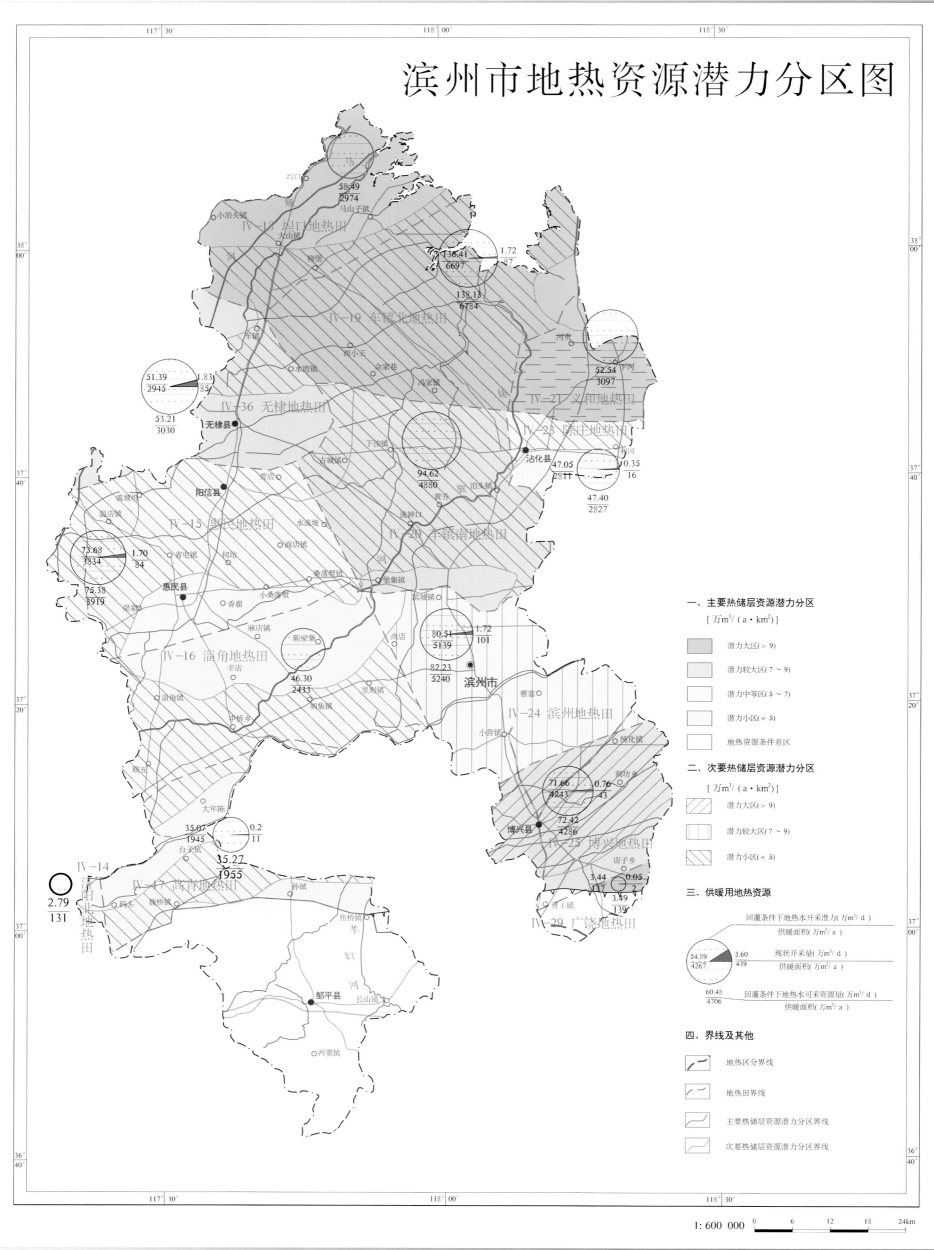

一、主要热储层资源潜力分区
[万m³/(a·km²)]

潜力大区(>9)

潜力较大区(7~9)

潜力中等区(5~7)

潜力小区(<5)

地热资源条件差区

二、次要热储层资源潜力分区
[万m³/(a·km²)]

潜力大区(>9)

潜力较大区(7~9)

潜力小区(<5)

三、供暖用地热资源

回灌条件下地热水开采潜力(万m³/d)
供暖面积(万m²/a)

现状开采量(万m³/d)
供暖面积(万m²/a)

回灌条件下地热水可采资源值(万m³/d)
供暖面积(万m²/a)

四、界线及其他

地热区分界线

地热田界线

主要热储层资源潜力分区界线

次要热储层资源潜力分区界线

1:600 000   0 6 12 18 24km

菏泽市地热地质条件及采灌均衡资源评价

一、地热地质条件

菏泽市地处山东省西南部，位于黄河以东的鲁苏豫皖四省交界地带。区内主要发育有多组南北向、东西向、北东向断裂，呈棋盘网格状分布。主要东西向断裂有汶泗断裂、郓城断裂、菏泽断裂、凫山断裂、单县断裂；南北向断裂有曹县断裂、田桥断裂、巨野断裂；北东向断裂主要有聊城－兰考断裂，这些深大断裂对热储层的埋藏分布和温度具有重要控制作用。地热资源主要赋存于古－新近纪砂岩裂隙孔隙层状热储和寒武－奥陶纪碳酸盐岩裂隙岩溶层状热储。靠近山区一带的郓城、鄄城碳酸盐岩裂隙岩溶层状热储地热田能够少量接受山前地下水侧向径流补给，地热田成矿模式属弱开放－对流传导－带状层状型；处于地热水滞留区的菏泽城区碳酸盐岩裂隙岩溶层状热储地热田地热水补给极其微弱，地热田成矿模式属封闭－传导－层状型。

（一）古－新近纪砂岩裂隙孔隙层状热储

主要分布于聊城－兰考断裂以西的东明县境内，受区域构造和基底起伏的控制，热储层底板埋深自东向西逐渐增大。其特点为温度相对较低，以原生与次生孔隙为主，裂隙次之，该类型热储以新近纪明化镇组热储、馆陶组热储和古近纪东营组热储为主。

1. **新近纪明化镇组裂隙孔隙砂岩层状热储**：具有开发利用价值的热储层位为明化镇组下段，顶板埋深 500 m 左右，自东向西逐渐增大；底板埋深 1000 m 左右。水化学类型为 $SO_4 \cdot Cl-Na$ 型，矿化度 1～3 g/L，单井涌水量 40～60 m^3/h（960～1440 m^3/d），井口出水温度 25～34℃，属温热水型低温地热资源，主要用于理疗。

2. **新近纪馆陶组裂隙孔隙砂岩层状热储**：主要分布于东明潜凹陷和成武潜凹陷。平均顶板埋深 1232.50 m，自东向西逐渐增大；底板平均埋深 1808.33 m。水化学类型为 $Cl \cdot SO_4-Na$ 型，矿化度 2.6～3.7 g/L，单井涌水量 60～80 m^3/h（1440～1920 m^3/h），井口出水温度 60～65 ℃，属温热水－热水型低温地热资源，主要用于供暖和理疗。

3. **古近纪东营组孔隙裂隙砂岩层状热储**：主要分布于东明潜凹陷，平均顶板埋深 1808.33 m，底板平均埋深 2205m。单井涌水量 60～80 m^3/h（1440～1920 m^3/d），矿化度 14.55 g/L，井口温度 70～75℃，属温热水－热水型低温地热资源，适宜供暖、理疗，富含多种对人体有益的微量元素，具有较高的医疗价值。

（二）寒武－奥陶纪灰岩裂隙岩溶热储

该热储层主要分布在聊考断裂以东的菏泽潜凸起内，隐伏于第四系、新近系、石炭－二叠系之下，其埋藏深度受断裂控制较明显，顶板埋深总体趋势由东向西逐渐加深，在菏泽城区附近 1000 m 左右，底板埋深大于 2000 m。井口出水温度 50 ~ 60 ℃，局部达 70 ℃（庄寨 ZK1 地热井）。如定陶地热井，成井深度 1230.26 m，顶板埋深 1032 m，单井涌水量 72 m³/h（1728 m³/d），矿化度为 3.6 g/L，水化学类型为 SO_4-Ca·Na 型，井口出水温度 58℃，属温热水－热水型低温地热资源，主要用于供暖。

二、开发利用现状

菏泽市目前共有地热井 150 余眼，其中开采井 99 眼，回灌井 18 眼，监测井 5 眼，其他 20 余眼暂未利用，年开采地热水 1409.53 万 m³。

菏泽城区地热田共有地热井 24 眼，其中开采井 14 眼，监测井 1 眼，年开采量 195 万 m³；东明县共有地热井 54 眼，其中开采井 42 眼，年开采量 620 万 m³；郓城县共有地热井 36 眼，其中开采井 18 眼，回灌井 16 眼，监测井 2 眼，年开采量 208.985 万 m³；鄄城县共有地热井 31 眼，其中开采井 20 眼，回灌井 2 眼，监测井 2 眼，年开采量 264 万 m³；曹县共有地热开采井 3 眼，年开采量 46.6 万 m³；巨野共有地热开采井 2 眼，年开采量 35.04 万 m³。

三、地热资源潜力

菏泽市自然条件下供暖期地热水可采资源量 535.05 万 m³/d，折合标准煤 595.37 万 t/a，可供暖面积 28816 万 m²/a。

按照"取热不取水"的采灌均衡开采模式，回灌条件下地热水可采资源量为 879.81 万 m³/d，折合标准煤 978.73 万 t/a，可供暖面积 47368 万 m²/a。

目前供暖期地热水开采量 11.42 万 m³/d，折合标准煤 14.27 万 t/a，供暖面积 691 万 m²/a。

回灌条件下供暖期地热水开采潜力资源量 868.39 万 m³/d，折合标准煤 964.47 万 t/a，潜力供暖面积 46677 万 m²/a。详见图 21、表 26。

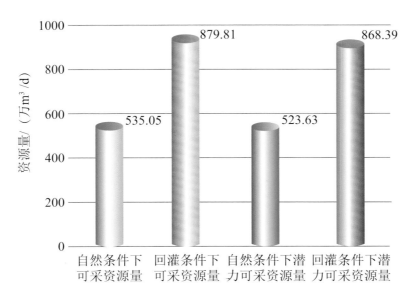

图 21 菏泽市供暖期地热资源量及其开采潜力柱状图

表 26 菏泽市供暖期地热资源量 – 开采现状 – 开采潜力一览表

序号	地热田编号及名称	自然条件下供暖期地热水可采资源量			回灌条件下供暖期地热水可采资源量			开采现状			回灌条件下供暖期地热水开采潜力		
		地热水量	热能量	供暖面积	地热水量	热能量	供暖面积	地热水量	热能量	供暖面积	地热水量	热能量	供暖面积
1	III-20 鄄城地热田	74.79	88.55	4286	113.82	134.37	6503	2.2	2.45	118	111.62	131.92	6385
2	III-21 菏泽潜凸起地热田	132.63	142.67	6905	265.94	291.14	14090	1.63	1.88	91	264.31	289.26	13999
3	III-22 曹县地热田	44.85	48.49	2347	56.69	60.66	2936	0.39	2.51	122	56.30	58.15	2814
4	III-23 郓城地热田	57.77	60.57	2932	110.98	116.19	5624	1.74	0.35	17	109.24	115.85	5607
5	III-24 巨野地热田	25.8	19.93	965	40.53	31.31	1515	0.29	0.23	11	40.24	31.08	1504
6	III-25 成武地热田	13.25	11.37	550	17	14.59	706	0	0	0	17	14.59	706
7	III-29 金乡 – 鱼台地热远景区	22.91	26.2	1268	33.87	38.75	1875	0	0	0	33.87	38.75	1875
8	III-30 单县地热田	72.3	76.82	3718	106.52	112.88	5463	0	0	0	106.52	112.88	5463
9	IV-37 东明凹陷地热田	90.75	120.77	5845	134.46	178.84	8656	5.17	6.85	332	129.29	171.99	8324
	合计	535.05	595.37	28816	879.81	978.73	47368	11.42	14.27	691	868.39	964.47	46677

注：地热水量单位为万 m³/d；热能量（折合标准煤）单位为万 t/a；供暖面积单位为万 m²/a。

菏泽市地热地质图

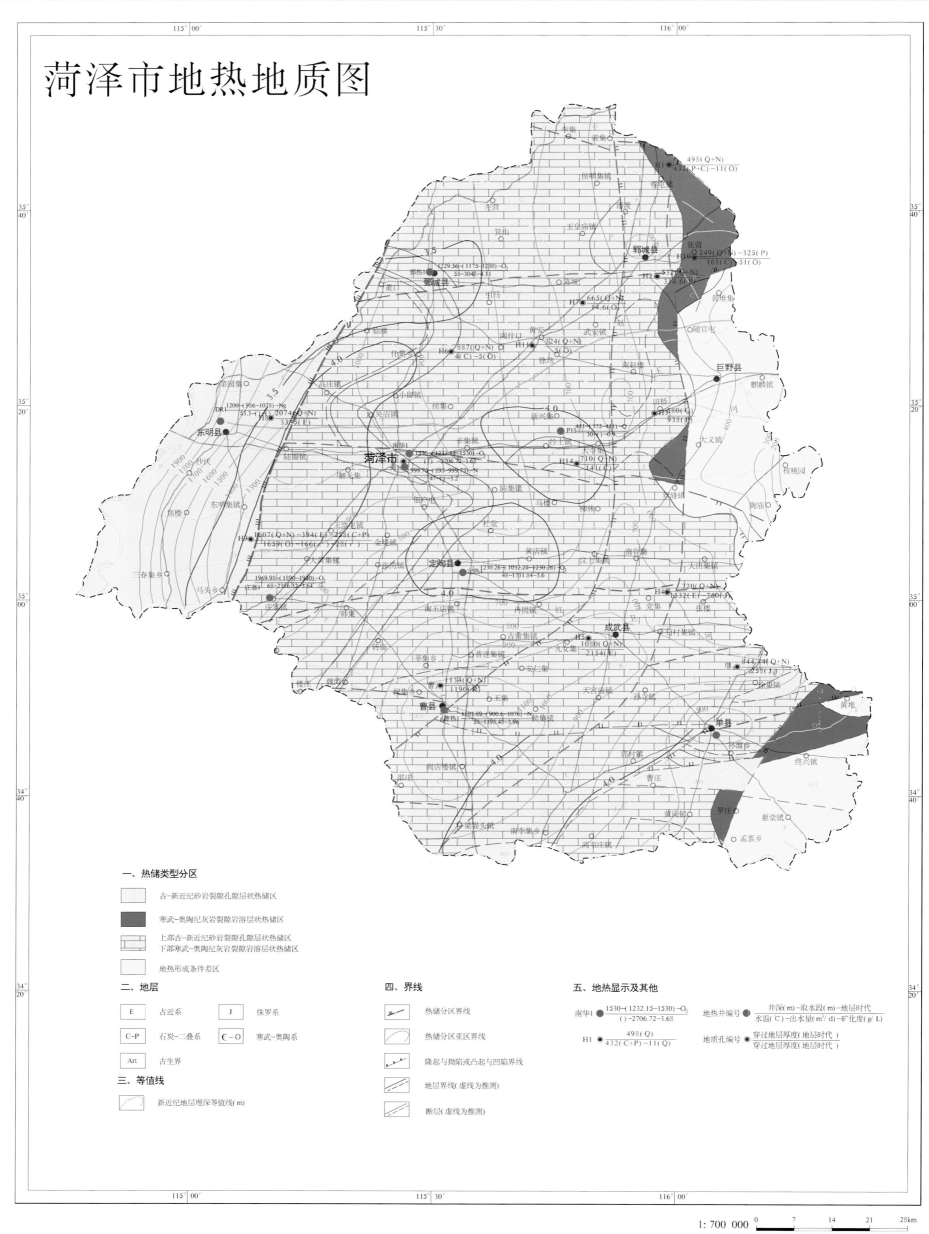

一、热储类型分区

古-新近纪砂岩裂隙孔隙层状热储区

寒武-奥陶纪灰岩裂隙岩溶层状热储区

上部古-新近纪砂岩裂隙孔隙层状热储区
下部寒武-奥陶纪灰岩裂隙岩溶层状热储区

地热形成条件差区

二、地层

E	古近系	J	侏罗系
C-P	石炭-二叠系	∈-O	寒武-奥陶系
Art	古生界		

三、等值线

新近纪地层埋深等值线(m)

四、界线

热储分区界线

热储分区亚区界线

隆起与拗陷或凸起与凹陷界线

地层界线(虚线为推测)

断层(虚线为推测)

五、地热显示及其他

南华1 $\dfrac{1530-(1232.15-1530)-O_2}{(\ )-2706.72-3.68}$

H1 $\dfrac{498(Q)}{432(C+P)-11(Q)}$

地热井编号 ● $\dfrac{井深(m)-取水段(m)-地层时代}{水温(℃)-出水量(m^3/d)-矿化度(g/L)}$

地质孔编号 ● $\dfrac{穿过地层厚度(地层时代)}{穿过地层厚度(地层时代)}$

1 : 700 000   0   7   14   21   28km

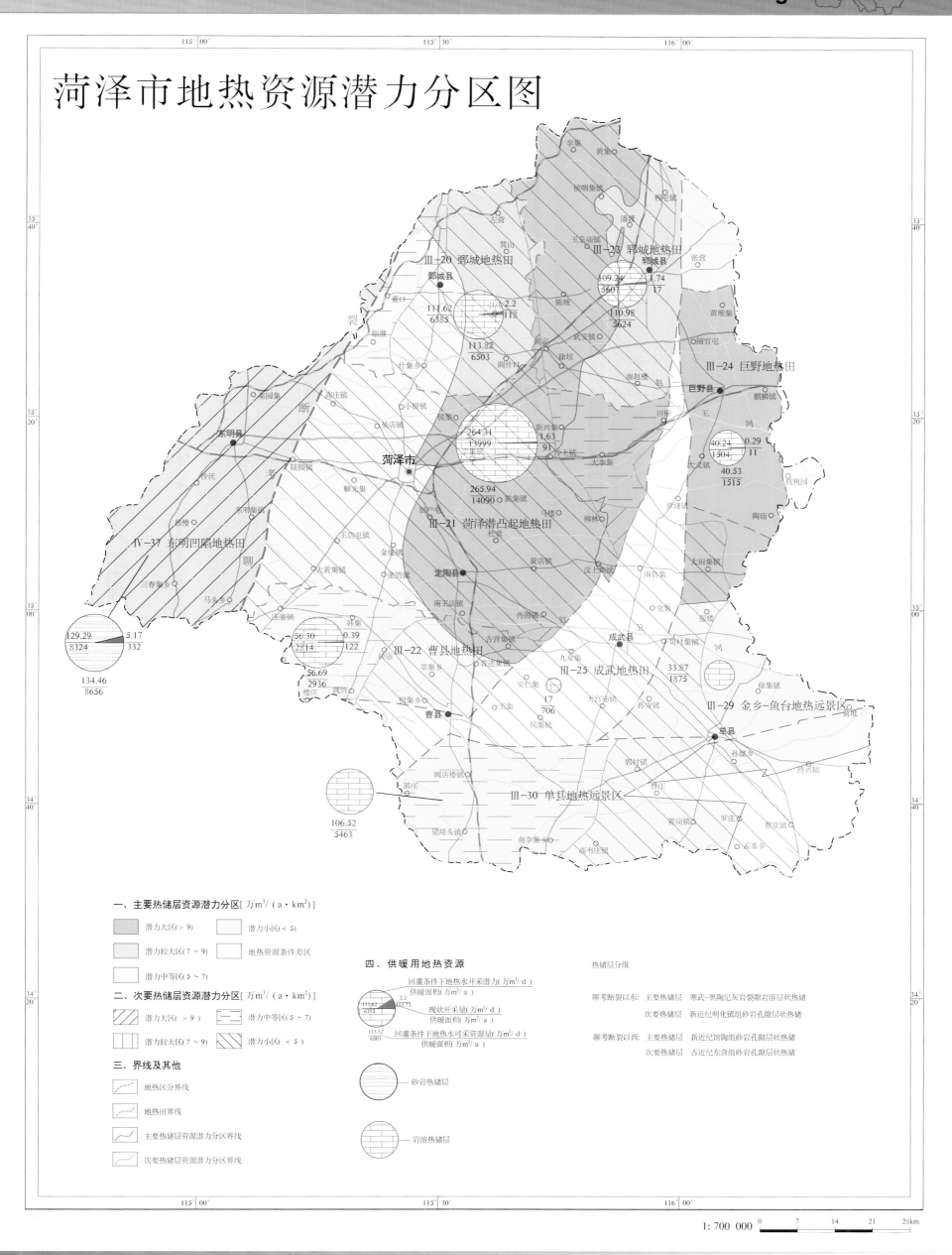

菏泽市地热资源潜力分区图

III-20 鄄城地热田
III-23 郓城地热田
III-24 巨野地热田
III-21 菏泽潜凸起地热田
IV-37 东明凹陷地热田
III-22 曹县地热田
III-25 成武地热田
III-29 金乡-鱼台地热远景区
III-30 单县地热远景区

一、主要热储层资源潜力分区[万m³/（a·km²）]

潜力大区（>9）		潜力小区（<5）
潜力较大区（7～9）		地热资源条件差区
潜力中等区（5～7）		

二、次要热储层资源潜力分区[万m³/（a·km²）]

潜力大区（>9）
潜力中等区（5～7）
潜力较大区（7～9）
潜力小区（<5）

三、界线及其他

地热区分界线
地热田界线
主要热储层资源潜力分区界线
次要热储层资源潜力分区界线

四、供暖用地热资源

回灌条件下地热水开采潜力（万m³/d）
供暖面积（万m²/a）
现状开采量（万m³/d）
供暖面积（万m²/a）
回灌条件下地热水可采资源量（万m³/d）
供暖面积（万m²/a）

砂岩热储层
岩溶热储层

热储层分级

聊考断裂以东：主要热储层 寒武-奥陶纪灰岩裂隙岩溶层状热储
次要热储层 新近纪明化镇组砂岩孔隙层状热储

聊考断裂以西：主要热储层 新近纪馆陶组砂岩孔隙层状热储
次要热储层 古近纪东营组砂岩孔隙层状热储

1 : 700 000   0   7   14   21   28km

93